JIDIANLEI TEZHONG SHEBEI ZHILIANG JIANDU GAILUN

机电类特种设备质量监督概论

主　编：井德强

副主编：常国强

编　者：（按姓氏笔画排列）

　　　　王　刚　井德强　白　涛

　　　　李　波　常国强

主　审：高　勇

西北工业大学 出版社

【内容简介】 本书结合机电类特种设备的特点,从机电类特种设备全寿命的观点出发,系统地阐述了机电类特种设备质量监督的基本概念、基本理论、监督管理、监督重点以及监督的内容和方法。其目的在于提高对机电类特种设备质量监督的效能,对质量主体责任的落实,保持并提高机电类特种设备的质量和安全性。

本书可供从事机电类特种设备的安全监察人员、检验人员以及作业人员使用,也可供其他产品质量监督工作者参考。

图书在版编目(CIP)数据

机电类特种设备质量监督概论／井德强主编. —西安 ：西北工业大学出版社, 2017.7
ISBN 978 - 7 - 5612 - 5504 - 9

Ⅰ. ①机… Ⅱ. ①井… Ⅲ. ①机电设备—质量检验—概论 Ⅳ. ①TM92

中国版本图书馆 CIP 数据核字(2017)第 193651 号

策划编辑: 李东红
责任编辑: 张 潼

出版发行: 西北工业大学出版社
通信地址: 西安市友谊西路 127 号　　邮编:710072
电　　话: (029)88493844　88491757
网　　址: www.nwpup.com
印 刷 者: 兴平市博闻印务有限公司
开　　本: 787 mm×1 092 mm　　1/16
印　　张: 9.875
字　　数: 157 千字
版　　次: 2017 年 7 月第 1 版　　2017 年 7 月第 1 次印刷
定　　价: 35.00 元

前　言

　　特种设备的固有质量及其保持是保证特种设备安全运行的基础,对特种设备进行有效地、有针对性地质量监督是保证和保持特种设备固有质量的关键之一。自机电类特种设备的安全监察和监督检验工作开展以来,机电类特种设备的质量监督者经过探索和实践,积累了大量经验,对保证特种设备的安全运行起到了很大的促进作用。

　　机电类特种设备数量的不断增加及质量管理和技术的发展,给特种设备安全监察和监督检验工作者带来了巨大的影响。为了进一步提高安全监察和监督经验的针对性和有效性,笔者组织撰写了本书,以期特种设备质量监督理论和实践更加系统、更加完善。

　　本书内容共分为十三章,阐述了机电类特种设备质量监督的基本概念、基本理论、监督管理、监督重点以及监督的内容和方法。第一章和第三章由井德强编写;第五章、第十章和第十一章由王刚编写;第七章和第八章由李波编写;第六章、第九章和第十三章由白涛编写;第二章、第四章和第十二章由常国强编写。本书由井德强担任主编并负责统稿,高勇审定。

　　本书对质量监督的理论、方法进行了系统地阐述。可供从事机电类特种设备的安全监察人员及检验人员使用。也可供其他产品质量监督工作者参考。

　　在编写过程中,得到了行业内外许多专家同行的支持和帮助,也曾参阅了相关文献资料,在此,向各专家、同行以及文献作者表示由衷的谢意。

　　由于水平所限,书中不妥之处,恳请读者指正!

编　者
2017 年 1 月于西安

目　　录

第一章

质量概述

第一节 质量的基本概念

在人们的日常生活、学习和工作中,常提到"质量"一词。如,生活质量、教学质量、工作质量、产品质量、服务质量等。由此可见"质量"在人们心目中的位置和重要性。

一、质量的起源

自有了商品生产以来,人们对商品最基本的要求就是商品的使用价值——能够满足使用者的需要。从此质量的概念也随之产生了。人们对质量概念的认识是随着生产力的发展和人们认识的提高而不断深化的,质量的概念也从狭义向广义转变,并被人们所接受。

二、质量的含义

关于质量的含义,国内外有许多不同的阐述。美国学者认为产品质量是"满足特定用户要求的一切性能的总和"。著名质量管理专家美国的朱兰(J. M. ju-ran)博士在他的经典著作《质量控制手册》中谈到质量适用性时写到:"所有人类团体(工业公司、学校、教会政府)都从事于对人们提供产品或服务的工作,只有当这些产品或服务在价格、交货期以及适用性上适合用户全面要求时,这种关系才是建设性的"。这里的"适用性"也就是朱兰博士对质量的定义。日本专家田口博士提出:"所谓质量,是指成品上市后给社会带来的损失,其功能本身所产生的损失除外。"这些对质量概念的说法都没有脱离产品本身,都属于狭义的质量概念。

1986年国际标准化组织(ISO)质量管理和质量保证技术委员会(TC176)正式发布的 ISO 8402:1986《质量——术语》被各国认同或等效采用。我国的 GB 6583·1《质量管理和质量——保证术语(第一部分)》也参照了 ISO 8402:1986。根据 ISO 8402:1986,质量被定义为"一组固有特性满足要求的能力。"从这个定义可看出,质量的本质是一种客观实物具有某种能力的属性。原来质量概念中的"产品"已扩展到现在的"实体"。实体是指"可单独描述和研究的事物",其内涵十分广泛,它可以是一个组织,或一个体系,或者一个或一些人,或者活动、过程、产品、组织、体系、人的任何组合。由于实体具备某种能力属性,质量定义中通常分为明示的、隐含的或履行的需求或期望。明示是指在标准、规范、图样、技术要求和其他技术文件(如合同、上级指示等)已经作出明确规定的需要。在法规规定或签定合同的情况下,质量是需要明确规定的。如:特种设备的安全要求等。隐含是指组织、顾客和其他相关方的惯例或一般做法,所考虑的需求或期望不言而喻。一是顾客和社会对实体的期望;二是指那些人们公认的、不言而喻的不必明确的"需要"。隐含需要是供方通过市场研究、调查和预测来进行识别和确定,用规格等级等来满足顾客要求。它通常被转化为某些指标特性。例如性能、可靠性、维修性、抢修性、安全性、环境适用性、经济性、时效性、美观性等。在很多情况下,隐含需要会随时间的推移而发生变化。这就是质量广泛的概念。

第二节 大 质 量

大质量是随着人类社会的发展和人们认识的提高而产生的,是人类赖以生存的各种质量的总称。也就是说,每个产品、实体、组织的质量不是孤立地存在和形成,他们是互相制约、互相影响的。只有树立大质量理念,才能保证个体质量,才能使人类物质、文化生活和精神享受等得到满足和提高,才能真正推动人类社会的发展进步。

一、大质量的组成

大质量是每个产品、实体、组织、活动等个体质量或过程的综合,也就是人类所接触和所认识的各种事物质量和其形成过程的总和。大质量包括自然的、社会的,同时也随着时间的推移和人类认识的改变而不断地变化。也就是说,大质量是人类永无止境的一种追求和理想。

一个产品或实体质量由形成的各个环节决定,大质量的形成由人类所认识的产品、实体和活动质量形成过程的总和决定。

二、大质量概念的含义

大质量不能离开个体的质量而存在,树立大质量理念有利于提高个体质量。大质量是一个系统工程,其反映了每个个体的质量,个体的质量不是孤立存在的,他们之间相互联系、相互影响、相互促进、相互制约。只有个体质量好,才能使大质量好;反过来,只有树立大质量的理念,才有利于做好个体质量。

三、大质量的特性

大质量除了具有一般质量的明示的和隐含的特性外,还具有下列特性:

(1)无国界。大质量是全人类生存和发展的需要,它不分民族、国家和地域。

(2)无边际。大质量不仅存在于社会活动中,而且还存在于自然活动中。它存在于人类生活的方方面面。

(3)不孤立。大质量不能脱离其他产品而独立存在,其与形成过程总是有一定的联系。

(4)发展性。大质量是随着人类认识的发展而不断发展,永无止境。

(5)科学性。大质量来自于实践,同时又指导实践,有一定的规律可循。

第三节　产品质量

产品质量是产品所有特性的总称,它包括性能、可靠性、维修性、保障性、抢修性、安全性、环境适用性、经济性、时效性、美观性等方面。

一、提高产品质量的意义

提高产品质量对人们生活品质的保证、企业的生存和发展、企业的效益、国家科技水平的提高和国家安全都会起到重要的作用。

1.质量是人们生活和社会安定的保障

在经济高速发展的今天,产品质量与人们的工作和生活息息相关。一旦产品质量出现问题,轻则造成经济损失,重则会导致人员伤亡,也会造成社会资源的浪费,带来社会的不稳定现象。有些企业为了追求一时的利润,在生产过程中粗制滥造、偷工减料、以次充好、以假乱真,"假冒伪劣"现象屡禁不止,使消费者的利益受到严重侵害。例如:电器漏电、电视机爆炸、高层建筑电梯失灵等,都会给消费者带来很大的烦恼和灾难。由于产品质量不佳造成的火灾、爆炸、建筑物倒塌、毒气泄漏、机毁人亡等恶性事故会给社会造成混乱,甚至影响社会的安定。

2.质量是企业生存和发展的保障

市场经济的主要特点之一就是市场竞争机制。市场竞争带来的一种必然结果就是优胜劣汰,市场竞争能力强的企业不断壮大,而市场竞争能力弱的企业就必然会趋于消亡。企业的市场竞争能力体现在产品上,企业成功很重要的一个原因就是重视产品质量。

3. 质量是企业和社会效益的基础

企业在商品经济条件下,追求利润、讲求经济效益是一种很自然、很正常的现象。企业通过出售自己的产品或服务来取得经济效益。因此,将产品出售出去,是企业的头等大事。否则,企业的再生产过程就会中断,甚至可能破产倒闭。只有产品质量提高了,才可扩大市场占有率,促进产品批量生产。批量生产达到一定程度或水平后,产品的成本就可以降低,企业就可以按较低的价格销售优质的产品,为自己带来更多的利润。

4. 质量是提高产品"效 – 费"比的因素

产品质量的提高,意味着产品在使用过程中故障较少、寿命长,虽为提高产品质量而花费的费用增加了,但统计表明,获得的社会效益有明显的提高。

5. 质量是一个国家民族素质、科技和经济水平的综合反映

高质量的产品要靠严格、科学的管理,严肃认真的工作以及高水平的工艺和装备来实现,但最根本的是要靠劳动者的素质来实现。能提供出优质的产品和服务的国家,将是一个具有社会责任心、充满生机和积极进取民族精神的国家。

产品质量也是一个国家科技和经济水平的体现。因为质量是在设计中赋予、制造等过程中保证的,如果设计和制造水平不高,经济实力不强,是不可能制造出优质产品的。因此,能否制造出高质量的产品,对树立本民族在世界之林的地位具有极其重要的意义。

二、影响产品质量的因素

为了讨论影响产品质量的因素,必须先讨论质量的形成过程。

概括地说,整个质量形成过程大致可划分为市场调研质量、设计质量、生产质量、服务质量 4 个阶段。

1. 市场调研质量

市场调研质量是由确定的结果所形成的质量。通过市场调研识别和确定顾客明示的和隐含的需要之后,把顾客的需要转化为对产品质量的要求,主要有以下几点。

(1)了解顾客需求,为产品设计提供依据;

(2)掌握市场动态,为质量决策提供市场信息;

（3）把握市场竞争形势，为强化企业竞争能力提供情报；

（4）研究市场环境，为提高市场占有率创造条件。

2. 设计质量

设计质量是由产品设计的结果所形成的质量。通过产品设计把质量要求转化为生产者可以生产的产品，使其符合产品的技术规范和标准，设计所形成的产品质量是产品的"先天"属性，因此，要准确把握设计要求中的质量特性。进行产品设计研究和质量分析，包括质量功能展开，以满足顾客真正的需要。

3. 制造质量

制造质量是由产品制造的结果所形成的质量，即按照产品设计确定的图样和技术文件的要求，制造形成的实体质量，而且需要保持生产的稳定性和产品的一致性。

4. 服务质量

服务质量是由产品售后服务的结果所形成的质量。这部分实体的质量，在设计中会有所考虑，如提高产品的维修性设计。但主要是在产品使用期间，通过服务过程体现其特征，如当使用时出现故障，及时提供维修和备件供应。

实践证明，决定和影响产品质量的主要因素是过程质量和工作质量。

1. 过程质量

过程质量可以理解为过程满足需要或潜在需要的特性的总和。产品和服务质量最终要由过程或活动来保证。过程质量包括规划过程质量、设计过程质量、制造过程质量、使用过程质量、报废处理过程质量和服务过程质量。

（1）规划过程质量，指从产品的市场调研到产品规划所体现的质量，要求所规划的产品能满足市场的需求。它最终要通过设计文件和生产指导文件来体现。

（2）设计过程质量，指产品设计阶段所体现的质量，也就是设计方案符合设计指导书要求的程度。它最终通过图样和技术文件来体现。

（3）制造过程质量，指按设计要求，通过生产工（艺）序制造而实际达到的实物质量。它是设计质量的具体体现，是制造过程中操作人员、原材料、工艺装备、工艺方法、检测仪器和环境条件等因素的综合产物。

（4）使用过程质量，指产品在实际使用过程中所体现出来的质量。它是产品质量的最终体现。

（5）报废过程质量，产品在报废处理过程中体现的质量是指便于回收、重复利用或无害化处理的程度。它是产品设计质量的体现之一。

（6）服务过程质量，指产品达到用户使用之前和使用过程中，产品提供者对用户服务要求的满足程度。

2. 工作质量

工作质量一般是企业生产经营中各项工作对产品和服务质量的保证程度。工作质量涉及到企业的各个部门和各级、各类人员，决定了产品质量和服务质量。工作质量主要取决于人员素质，包括质量意识、责任心、业务水平等。其中，最高管理者的工作质量起主导作用，一般管理层和执行层的工作质量起保证和落实作用。

工作质量能反映企业的组织、管理和技术水平等。工作质量的显著特点之一是它不像产品和服务质量那样直观地表现在人们面前，而是体现在生产、技术和经营活动中，并通过工作效率和成果，最终体现在产品质量和经济效益上。

产品质量可以用产品质量特性值定量地表现出来，而工作质量一般却无法直接定量表示，它可以通过产品和服务质量、工作效率、报废时间等指标间接地反映出来。对于服务类和管理类工作岗位，其工作质量可以通过综合评分的方式来量化衡量。

3. 产品质量、过程质量、工作质量的关系

产品质量、过程质量、工作质量三者之间密切相关。过程质量是保证产品质量的物质技术基础；工作质量是实现产品质量的基本保证；产品质量是过程质量和工作质量的综合反映。因此，过程质量和工作质量是影响和决定产品质量的主要因素，要保证和不断提高产品质量，必须抓好过程质量和工作质量。

第二章

质量监督概述

第一节 质量监督的基本概念

监督是依照法律或文件要求对人的行为或事物的过程及状态进行的控制。监督的目的是保证法规或文件要求的正确贯彻。也就是说,监督是一种控制活动。因而,它具备控制与管理的一般功能和特性。有人或事的地方就存在监督。

一、质量监督

质量监督是质量管理领域面向实体质量活动的一种监督。质量监督是指为了确保满足规定的要求,对实体状况进行连续的监视和验证并对记录进行分析。

质量监督的目的是防止实体状态随时间、环境的推移或变化而偏离规定的要求。

二、质量监督的要素

质量监督的要素主要有以下几方面。

(1)质量监督的主体,即从事质量监督活动的法人或自然人、质量监督组织或监督者。它回答了由谁来进行质量监督的问题。

(2)质量监督的客体,即形成实体全过程中的人和事、质量监督的对象或被监督者。它回答了对谁进行监督的问题。

(3)质量监督的内容,即对实体形成过程中所有可能影响到规定要求的因素进行监督。它回答了针对哪些因素进行监督的问题。

(4)质量监督的依据,即质量监督工作有关的法规、文件和标准。它回答了质量监督工作以什么为准绳的问题。

(5)质量监督的方式方法。它说明如何进行质量监督。质量监督的方式或方法因质量监督的主体、客体的不同而存在差异。比较通用的方式方法有预先(事前)监督、过程(事中)监督、结果(事后)监督等。

任何质量监督都必须具备这五个要素,缺少任何要素的质量监督都是不完整的,或者质量监督无法进行,或者是无效的质量监督。同一主体可以对不同客体进行质量监督,同一客体可以接受不同主体的质量监督。质量监督的内容、依据、方式可以是单一的,也可以是多种多样的。

三、质量监督的类型

质量监督可以依据质量监督的五要素逐一作出分类。分类的目的是为了方便研究问题。最好的分类方式是把某类的子类穷举出来。鉴于此,按质量监督主体的层次进行分类。粗分为内部监督和外部监督,细分为内部监督和用户监督、第三方监督、社会监督四类,后三类为外部监督。

1. 内部监督

内部监督是指由组织内部的质量保证人员实施的质量监督。内部监督的任务是随内部质量活动的不同而变化的。其具体任务就是对组织内部质量活动中操作者是否按章操作,以及技术质量文件是否有效贯彻,过程质量是否符合规定要求等方面进行监督。

2. 用户监督

用户监督又称二方监督。是指合同环境下由用户或用户派员直接对承制方提供产品的过程进行的质量监督。

3. 第三方监督

第三方监督是指由国家法定或国际公认的质量监督机构直接或受托进行的质量监督。第三方监督是独立于供方和用户监督的一种外部监督。在组织形式上,由质量监督机构负责,对管辖或委托的对象进行质量监督,工作的重点是质量监督法规、标准的建设。

在我国,第三方质量监督的最高管理机构是国务院授权成立的国家质量技术监督检验检疫总局,其负责全国的质量监督管理工作。国务院有关部委也相应地组建了分支机构负责各自范围内的质量监督工作。如:中国质量监督检疫总局负责质量监督管理工作,各省市设立的技术监督局等。

在国际上,ISO 标准化组织及各种行业化的国际监督、认证组织或机构等都是第三方质量监督机构。

4. 社会监督

社会监督是指自发的群众性的监督活动,是对与人们日常生活相关的实体和环境质量的监督。一般采用向供方进行查询;向社会作出如实的评价或宣传;向国家法定或国际公认的质量监督机构申诉等监督形式进行质量监督,以保护自身的合法权益。社会监督一般无确定的组织形式。在实际中,消费者协会、各社会性投诉站等都是社会监督的表现形式。

四、质量监督的性质

1. 质量监督的两重性

质量监督具有两重性,即质量监督的自然属性和社会属性。

质量监督作为一种社会活动,是建立在一定的生产方式和生产关系基础上的。因此,具有两重性。一方面,具有同生产力、生产技术、社会化大生产相联系的自然属性;另一方面,具有同生产关系、社会制度相联系的社会属性。

质量监督的自然属性是指质量监督管理要处理人与自然的关系,要协调生产力各要素间的关系。这种自然属性反映了社会协作过程本身的要求,是为了适应社会生产力发展和社会分工发展的要求而产生的,它是由生产力发展水平及人类活动的社会化程度决定的。因此,它与具体的生产方式和特定的社会制度无关。从商品出现以后,人类的协作活动就开始需要质量监督管理,而且协作活动的规模越大,质量监督管理就越重要。

质量监督的社会属性是指质量监督管理要处理人与人之间的关系,它与生产关系、社会制度相联系,受一定生产关系、政治制度和意识形态的影响与制约。社会制度不同、社会关系的变化,使质量监督管理的目的、监督方式和手段也随之变化。因此,社会主义制度下的质量监督就不同于西方发达国家的质量监督管理。质量监督要适应一定生产关系的要求,执行着维护和巩固生产关系、实现保证特定实体、满足规定需要的职能。

2. 质量监督的科学性

质量监督是一个由概念、原理、原则和方法构成的科学体系,是有规律可循的,具有科学的特点。即:①实践性,产生于实践又去指导实践;②客观性,从实际出发研究质量监督活动,揭示其客观规律;③真实性,质量监督的原理、原则经过了时间反复的检验;④系统性,质量监督理论已形成合乎逻辑的系统;⑤发展性,质量监督理论需要在发展中充实、完善。

3. 质量监督的艺术性

质量监督工作具有较大的技巧性、创造性和灵活性。有效的质量监督必须结合具体质量监督活动,熟练地运用质量监督知识和工作技能,大胆探索,这样才能达到预期的效果。

4. 质量监督的其他特性

质量监督的其他特性伴随质量监督的类型而存在,不同的监督方式具有下述不同的特点。

（1）内部监督具有：①自觉性，内部监督是组织的自觉行为，是提高效益、发展市场的必要手段之一；②全面性，质量监督工作是一项复杂的系统工程，虽然工作有轻重之分，但不能顾此失彼，各种因素都要合理地对待，使得监督工作全面而有效。

（2）第二方监督具有：①主动性，即用户为了获取需要的产品，往往会主动地对承制方有关的质量活动进行监督；②针对性，即用户在对承制方有关质量活动的监督中，会针对自身关心的项目或环节重点地监督和控制。

（3）第三方监督具有：①公正性，由于第三方机构与供方、用户间不构成经济厉害关系，而且第三方机构是国家法定或国际公认的专门机构，因此，其监督比较公正和客观；②权威性，由于第三方机构是国家法定或国际公认的权威机构，因而在质量监督活动中具有较强的权威性。

（4）社会监督具有：①自发性，社会监督是用户或消费者维护自身权益的本能反映，因而是自发的；②导向性，社会监督中社会舆论监督对用户或消费者具有明显的导向作用；③广泛性，社会监督的主体是广大的用户或消费者，因而其监督具有广泛性；④局限性，一是局限于有问题的实体上，二是局限于对实体概要或肤浅了解上，故社会监督具有一定的局限性。

五、质量监督的最高境界

质量监督的最高境界是人类发展到一定历史阶段后才能出现的一种结果，其最高境界就是生产者自我监督，它不同于质量监督初期的自我监督，而是随着科技发展和人类认识达到很高的程度后，人类将质量作为一种自然的需求。这也是人类所期盼的一种理想状态，到这个时候社会上的产品虽然各异，但都能满足一定的质量要求。

第二节　质量监督的形成与发展

质量监督是随着社会、科学、生产力和人类认识的发展而逐步形成和发展起来的。其发展大致经历了操作者质量监督、工长质量监督、检验员质量监督、统计质量监督、全面质量监督、现代质量监督六个阶段。每个阶段都为质量监督的发展作出了不同程度的贡献。质量监督理论全面、系统的研究始于全面质量监督阶段。

一、操作者质量监督阶段

20 世纪前,产品结构比较简单,生产力水平低,产品生产以个体作业和手工业方式为主。主要依靠操作者本身的技能、经验和感官来保证产品质量,同时也是产品质量的鉴别、把关者和监督者,这就是"操作者质量监督"。

这个阶段历史漫长,据资料考证,可以追溯至公元前数百年。美国考古学家在中东一个山洞里发现一块黏土片上记录着:保证金戒指上金匠镶嵌的绿宝石,20 年内不得脱落,否则将对金匠处罚 10 个"马拉"的纯银,时间是公元前 429 年。我国史书《周礼·考工记》(公元前 403 年)记载了周王朝手工业产品、规格、制造方法、技术要求、质量检验方法等。当时周朝廷首先命令百工(木工、青铜工、皮革工、染色工、刮磨工等)审查武库器材的质量,即原材料的质量是否合格。我国的秦、汉、唐、宋、明、清朝都以法律的形式颁布产品质量不合格的处罚措施。如杖打、没收、罚款等处罚规定。这些都表明,保证和监督质量的主体是操作者。

在产品的流通和交换过程中,往往操作者与消费者直接进行买卖。由于当时无公认的产品质量标准可循,操作者要么为消费者强加的要求,要么为适应消费者自立规矩。无论是消费者的要求还是操作者自立的规矩,都是依靠操作者的实际操作技能,靠手摸、眼看等感官估量和简单的度量、测量而定,靠师傅传授技术经验来达到要求。作为消费者也只能凭借自己的知识、经验和感官来获取自己所需要的产品。可见,由于当时生产力水平和人的素质较低,消费者对产品质量的鉴别和监督的力度很弱。因此,这个阶段,人们对产品质量的监督主要是操作者监督,用户和社会的监督是间接而力薄的,监督方式和手段仅仅是事后的、感官的监督。

二、工长质量监督阶段

进入 20 世纪后,1918 年以前,由于生产规模不断扩大以及企业内部分工的细化,制造业有了大规模发展。同时,机械化水平的提高,要求操作者的生产效率进一步增强,迫使管理者、质量监督者不再单凭直觉与经验指挥生产和质量监督,而要用科学地制定制造、监督工作标准与方法来监督产品质量。为了适应社会发展和保证产品质量的需要,在技术方面,英国出现了初期的公差制;在管理方面,美国出现了以泰勒(F. W. Taylor)为代表的"科学管理运动";在法国出现了以法约尔(H. Fayol)为代表的"一般管理理论"。他们使这一时期成为管理科学的转折点,使得执行质量监督的责任由操作者转移到工长(即生产产品过程中的管理者、责任者),即所谓的"工长质量监督"。

工长质量监督时期,开始有了具体的制造、检验和监督的质量标准。此阶段产生了质量监督理论的萌芽。

三、检验员质量监督阶段

1918 年来,由于第一次世界大战和汽车工业的发展,大批量零部件的生产和装配都需要严格的质量检验。由于生产规模的扩大,工作岗位的细化,从操作者转移到工长的质量监督责任就转移到专职检验员,使产品的检验从制造过程中分离出来,成为一道独立的工序。随着企业生产规模的扩大和品种、产量的增加,大多数企业都开始设置专职检验部门,配备一定数量的专职检验人员,制定产品检验制度,添置必备的检验仪器,用一定的检测手段负责产品的质量检验和监督工作。这就是所谓的"检验员质量监督"。

它对企业的发展和产品质量的提高起到了积极作用。加强了生产者的责任心,提高了生产技术水平和管理水平,建立了检验、检测规范,增强了产品质量的监督力度。但是,这种事后的、把关型的质量监督,主要用来对产品划等级,挑出不合格品,并不能减少或避免不合格品的产生。有些产品又不能靠检验保证质量,对产品进行全数检验有时在技术上是不可能的,在经济上也是不划算的。有时即便对产品进行了全数检验,也难免因为技术、经济和人为因素而错检、漏检。显然,随着生产力的不断发展、生产规模和生产效率的不断提高,检验员监督的不足越来越突出。

这个阶段的检验员充当质量监督的角色,质量监督者从制造者中分离出来,具有一定的独立性特征。这个阶段主要是以内部监督为主,监督方式仍属于事后监督方式。

四、统计质量监督阶段

1924 年,美国贝尔研究所休哈特(W. A. Shwart)博士首次提出用 6σ 方法控制加工质量波动。1931 年他出版了包括质量控制的设计方案和控制图在内的专著《工业产品质量经济控制》一书,书中"经济"二字即反映了质量监督的基本原则。与此同时,该所的道奇·罗米格(Dodge-Romig)提出了抽样检验理论与方案,用以指导质量检验和监督工作。

进入 20 世纪 30 年代。生产力得到了进一步的发展,如何控制多品种、大批量生产的产品质量成为突出的问题。如第二次世界大战对军队武器装备的特殊需要,单纯的质量检验和监督已不能适应武器装备生产要求。为此,美国组织了一些数理统计专家为军工企业解决实际问题。这些数理统计专家与机械工程师协会、标准协会、材料与试验协会等有关人员共同研究,在生产过程中如何运用数理统计方法进行产品的质量控制,先后制定和公布了"美国战时质量管理标准",强制要求军工企业实行统计质量控制,产生了明显的效果,保证并改善了武器装备的质量。这就是所谓的"统计质量监督"。

由于统计质量监督工作在保证武器装备质量方面取得了很好的成效,后来很快又被推广到生产民用产品中,它给应用的各类企业带来了巨额的利润。数理统计方法在质量管理和质量监督中地应用也越来越广泛,20世纪50年代达到了高潮。除了美国,还有英国、挪威、荷兰、法国、意大利、日本、印度等国,都积极开展统计质量控制,并取得了成效。

统计质量监督工作主要是利用数理统计原理对生产过程或工序进行质量控制,从而预防不合格品的大量产生。质量监督方式也从事后检验监督转向了事前的预防监督。这无疑是一个进步,它更加符合企业的需要。但这个阶段过分地强调数理统计的理论,监督者感到这个理论有些深奥而误认为开展统计质量活动是质量监督工程师的事情,与己无关,从而限制了其进一步的推广,影响了其发展。

这个阶段所采用的质量监督主要是企业内部的监督,监督者主要是管理者或经营者,用户和社会的监督较前两个阶段有所加强,质量监督方式主要是条件质量监督和事后监督,其主要任务是监督和控制产品质量形成过程的质量特性状态及最终结果。

五、全面质量监督阶段

进入20世纪50年代后,随着科学技术的高度发展,特别是军工企业的发展,对产品的最终结果提出了更高的要求。如,阿波罗宇宙飞船和火星五号运载火箭,共有零件560万个,若零件的合格率为99.9%,那么在飞行中就有5 600个零件可能发生故障,其后果不堪设想的。

随着产品的复杂化,对产品的维修,也就是售后服务质量也被视为产品质量的范畴。由此可见,质量的概念在不断地进行延伸。

20世纪60年代初,"保护消费者"利益运动开始兴起,这标志着社会监督或机构的出现。国际上出现了各种各样的消费者利益的保护组织和团体。我国于1982年成立了"用户委员会",1984年成立"全国消费者协会",在质量监督活动采用坚持"三包"(包退、包换、包赔)原则。

随着市场竞争,尤其是国际市场竞争的加剧,各企业都很重视"产品责任"和产品质量保证。无论是供方还是分供方都很重视对方的质量保证能力,并且在签订合同或协作协议时,要相互调查和考核对方的质量保证、监督与管理情况。从表面上看是竞争这个外在机制在监督实体质量,实质上是用户和社会监督在起作用。

因此,以前的质量监督不能满足现有的需要,此时就要有新的理论来保证产品的质量。质量监督机构和组织及法规制度有了较大的发展。首先是美国在国内策划、管理了各种行业的质量监督专门机构。如:美国的国防部专门成立了标准和规范组织,并制定了许多通用的质量监督方法和专业标准及规范,其中具有代表性的MIL—Q—9858A《质量大纲要求》,是世界上最早的质量监督方面的标准文件。我国起步比较晚,20世纪70年代末才开始这方面的研究,我国在标准局的领导下,组织了"全国质量保证标准化特别工作组",负责制订等效采用国际标准组织(ISO)的标准工作。

六、现代质量监督阶段

20世纪80年代末至90年代初,对企业实施外部监督开始逐步发展为一种世界性趋势。由于地球资源有限,随着科技的发展和生产力的提高,社会化大生产和大协作的更大化,跨行业、跨集团、跨国界的协作发展迅速,市场竞争越来越激烈,市场国际化加剧。质量的概念已渗透到各个领域的各个方面。原有的质量监督方式已难以保证这样纷繁复杂环境下的产品质量。国际组织、国家、政府、企业集团等为了自身的利益,也开始介入质量管理与监督领域,成立了各种各样的质量管理和监督的法定组织和机构,建立了各种质量管理与监督的法规、标准和工作程序。从而使质量监督的行为国家化和国际化。1987年国际标准化组织发布ISO 9000族质量管理和认证系列标准,该系列标准是总结了许多国家几十年来的质量管理和监督工作经验和教训,产生于现代科技与生产高度发展和质量、市场国际化时代的一部高水准的指导性文件。它标志着现代质量监督理论的形成,质量监督也就跨入了现代质量监督阶段。

第三节　质量监督在我国的发展

我国质量监督始于 20 世纪 50 年代,主要是从苏联引进的质量监督模式。当时的质量监督是以检验监督为主的体制和方法。工厂设有质量检验科(处),用检验监督方式来保证出厂产品质量,称之为检验质量监督。这种方法经过几十年的实践和发展,从方针原则到具体做法,形成了一套行之有效的独特体系。如:预防为主、预防检验和完工检验相结合,三级检验制等质量监督原则。

20 世纪 60 年代,随着社会化大生产的发展,对质量监督提出了更高的要求,在质量监督方法上,要求做到"预先防范"。为了适应当时的形势,部分军工企业在质量监督的基础上,引入了部分统计监督方法。由于统计质量监督在应用上的限制,未能在我国质量监督领域得到全面应用。

20 世纪 70 年代末,随着经济体制的改革和产品结构的变化对企业管理提出了新的要求,特别是对质量监督方面,提出了越来越高的要求。为了适应形势,1979 年,首先引进了日本的全面质量监督方法。也就是全面质量管理的方法。

1985 年国务院发布的《产品监督试行办法》是我国首次明确国家对产品质量进行质量监督的法规。并采用三级管理模式:国务院授权成立的国家质量技术监督检验检疫总局是我国最高质量监督管理机构,即决策层;国务院有关部门在各自的职责范围内负责产品质量监督管理工作,即管理层;县以上地方政府管理所辖行政区域内产品质量监督工作,即操作层。如:地方政府设立的质量技术监督局。

为了质量管理学科领域保持与国际 ISO 组织的联系,我国于 1981 年以观察员身份参加国际质量管理和质量保证技术委员会。1989 年我国成立了全国质量管理和质量保证技术委员会,其任务是研究质量管理与质量监督方面标准和指导性文件。

1993 年又颁布了《中华人民共和国产品质量法》,首次以法律的形式规定国家对产品质量监督是以抽样检验监督为主的形式。具体来说,国务院产品质量监督管理部门以及地方各级质量监督管理部门,依据国家有关法律、法规、规章的规定,以及同级人民政府赋予的行政职权,对生产、流通领域的产品质量进行的各种形式的监督检查活动。国家在质量监督方面的具体形式有定期监督抽查、统一监督检验两种。

第四节 特种设备质量监督的发展

特种设备具有危险性高的特点,在经济、社会生活中有具有特殊性和重要性,它的安全问题历来受到各国政府的高度重视,并利用法律、行政、经济等手段采取强制措施予以专门的监督管理。如美国、日本、德国、英国、意大利等都先后设置了专门的质量监督和安全监察管理机构,制订出一系列法律、规范、标准,供从事特种设备的设计、制造、安装、使用、检验、修理及改造等各方面有关人员共同遵循,并监督各方面对规范的执行情况,从而形成了特种设备质量监督和安全监察或监督的管理体制。

一、特种设备质量监督在我国的起源

解放前,上海有一个自由职业者组织的锅炉检验师协会,对锅炉、压力容器、电梯进行定期检验。东北地区的伪警察局也曾设专人负责管理锅炉。

新中国成立以来,特种设备的监督工作可以分为下述三个发展阶段。

1. 特种设备质量监督的初创、探索阶段

1955—1982 年为我国特种设备的质量监督工作的初创、探索阶段。

1955 年 4 月 25 日,国营天津第一棉纺厂发生了一起锅炉爆炸事故,造成 8 人死亡,69 人受伤,引起了国务院重视。1955 年 7 月经国务院批准,在劳动部设立了锅炉安全监查总局,开始了对锅炉、压力容器、起重机械等专门监督管理、实行国家质量监督和安全监察。逐步开展了安全检查和技术检验工作,发现并消除了大量事故隐患,有效地遏制了事故的发生。

1958 年 9 月,在"大跃进"的浪潮下,劳动部在精简机构中撤销锅炉安全检查总局,其业务并入了当时的劳动保护局,设立锅炉安全检查处,全国锅炉专业干部由 400 多人削减至 100 多人。由于削弱机构和疏于质量监督和安全监察管理,锅炉事故剧增,1960—1962 年 3 年间发生锅炉爆炸事件 626 起。事故频发引起了国务院有关方面的又一次重视。

1963 年 5 月,针对全国特种设备事故频发的情况,国务院批准重建锅炉质量监督和安全监察机构,确定全国锅炉压力容器质量监督和安全监察干部编制 500 人。同年 11 月,劳动部成立锅炉安全监察局。各地按照分配的编制普遍建立了机构,在锅炉压力容器质量监督和安全监察方面做了大量的基础工作。主要采取了以下措施:在全国范围开展司炉工培训考试;利用3年时间开展锅炉登记建档工作,即逐台进行图纸测绘、强度核算、内外部检验;以多种形式培训质量监督和安全监察专业干部,提高队伍素质;陆续制定了锅炉、压力容器、气瓶、起重机械等特种设备质量监督和安全监察规程。加强了立法、管理、培训等基础工作,开展了设计、制造、安装、使用、修理等环节的监察管理,锅炉压力容器安全状况有了好转,事故明显下降,质量监督和安全监察工作得到进一步发展。

1966年后"文化大革命"期间,质量监督和安全监察工作受到严重冲击,各级监察机构被撤销,专业干部被下放或调离,质量监督和安全监察工作遭到严重破坏,安全质量全面失控,设备运行长期无人管理,遗留了大量事故隐患,导致恶性事故不断,伤亡人数大幅增加。

由于1979年连续发生了几起锅炉、压力容器恶性爆炸事故,国务院批准恢复了锅炉、压力容器安全监察局,编制50人。国务院发文提出要求:"必须在锅炉压力容器的设计、制造、安装、检验、操作、维修、改造等环节上,建立健全规章制度并严格执行。"遵照批示精神,制定了锅炉、压力容器安全法规,建立健全各级质量监督和安全监察机构,培训了大批监察干部,成立了检验机构,使监察、检验工作有了新的起色。

2. 特种设备质量监督的基本制度建立并初步完善阶段

1982—2003年为我国特种设备质量监督的基本制度建立并初步完善阶段。

1982年2月,国务院发布了《锅炉压力容器安全监察暂行条例》(以下简称《暂行条例》),为我国建立锅炉、压力容器质量监督和安全监察制度提供了法规依据。之后的20年,建立并逐步完善质量监督和安全监察基本制度,形成了一整套有效的监督管理方法。锅炉、压力容器爆炸事故发生率下降了5%。但是,由于《暂行条例》仅适用于锅炉和压力容器,不能为压力管道、电梯、起重机械、客运索道、大型游乐设施的质量监督提供法律支持,这些特种设备仅依据行政章程开展质量监督工作,实施较为困难。直到2003年3月,新的行政法规《特种设备安全监察条例》应运而生,该阶段宣告结束。

在此期间,1998年政府机构改革后,再次将承压特种设备和载人特种设备合并,由一个专门机构进行质量监督和安全监察。2001年4月国家质量监督检验检疫总局成立,进一步加强了特种设备质量监督和安全监察工作在人员、编制、经费等方面的投入。特别是近年来随着经济快速发展,设备总量迅猛增加,在设备事故频发的情况下,党中央、国务院对特种设备质量监督和安全监察工作给予了高度重视。

3. 特种设备质量监督工作的创新发展阶段

2003年3月11日,中华人民共和国国务院第373号令,公布《特种设备安全监察条例》。从此,我国特种设备质量监督工作进入了创新发展阶段。

《特种设备安全监察条例》的颁布,是特种设备质量监督工作的里程碑,特种设备质量监督工作开始跨越式发展。创新发展阶段从开始至今,我国特种设备的质量监督工作动员整个系统乃至全社会的力量,积极探索与社会主义市场经济相适应的特种设备质量监督工作机制,努力推进法律法规标准体系、安全评价体系地建设,取得了很大的成效。

二、特种设备质量监督法制建设阶段

经过近50年,尤其是在改革开放以后的20年,形成了符合我国国情、基本与国际惯例接轨的特种设备安全监察法规体系和安全监察基本制度。

(1)初步形成法规体系。1982年2月,国务院发布的《暂行条例》为我国建立锅炉压力容器安全监察制度提供了法规性依据。《暂行条例》确定了安全监察工作的内容、方针、方法,明确了安全监察机构的职权,为锅炉、压力容器安全监察工作逐步正规化指明了方向,奠定了牢固的基础。之后在《暂行条例》的基础上,又有了51个规章、安全技术规范,同时制定了大量的技术标准,初步形成了我国的特种设备安全监察"行政法规—部门规章—安全技术规范—相关标准及技术规定"四个层次的法规体系结构。

(2)经过几十年的努力,特种设备安全监察形成了安全监察的基本做法。从大量的事故教训和国外工业国家的经验中,可以得出这样的结论:要有效地防止事故发生,必须对涉及特种设备安全的各个环节进行严格的管理,实施准入制度并由专门机构实施监督检查,对锅炉、压力容器实行全过程安全监察。世界各国尽管在监督管理的体制、方式和范围上有所区别,但在原则、性质和做法上基本一致。通过几十年的实践和总结,并借鉴国外经验,我国目前已逐步形成了一整套与国际通行做法基本一致、又适合我国国情的特种设备安全监察基本制度。

(3)2013年6月29日,全国人大通过了《特种设备安全法》。这是我国历史上第一部对特种设备安全管理做出统一、全面规范的法律。它的出台,标志着我国特种设备安全工作向科学化、法制化方向迈进了一大步。

三、特种设备现行安全监察制度

目前,我国现行的特种设备安全监察有两大基本制度,即行政许可和监督检查两大制度。

1. 行政许可制度

实施行政许可,规范市场准入,是保障安全的必要措施。特种设备行政许可共有以下 8 项。

(1)设计许可。对压力容器、压力管道设计单位实行资格许可制度;对锅炉、气瓶、氧舱、客运索道、大型游乐设施实行设计文件鉴定制度。

(2)制造许可。对锅炉、压力容器、电梯、起重机械、客运索道、大型游乐设施及其安全附件、安全保护装置的制造单位以及压力管道元件制造单位实行资格许可制度。

(3)安装、改造、修理许可。对特种设备安装、改造、修理单位实行资格许可制度。

(4)充装许可。对气体充装单位实行资格许可制度。

(5)使用登记。对特种设备在投入使用前或者投入使用后 30 日内,实行使用登记制度。

(6)检验检测机构核准。对从事特种设备监督检验、定期检验、型式试验、无损检测工作的检验检测机构实行资格核准制度。

(7)检验人员考核。对从事特种设备监督检验、定期检验、型式试验、无损检测工作的检验检测人员实行考核制度。

(8)作业人员考核。对特种设备操作、管理等人员实行资格考核制度。

上述行政许可分级实施,由国家质量监督检验检疫总局和县以上质量技术监督局按照有关规定,对从事特种设备生产、使用和检验检测活动的单位和个人分别依法实施行政许可。

2. 特种设备监督检查制度。

特种设备监督检查制度主要包括 5 项:

(1)强制检验制度。由检验检测机构对特种设备制造、安装、改造、重大维修过程进行监督检验;对在用的特种设备进行定期检验;对部分特种设备进行型式试验。

(2)执法检查制度。特种设备安全监察人员对特种设备生产、使用单位和检验检测机构进行现场执法检查,查处各类违法行为,督促企业消除安全隐患。

（3）事故调查处理制度。特种设备发生事故,事故单位应当及时向质监部门等有关部门报告,并按照有关规定在当地政府的组织下,由质监部门等对事故进行调查,提出处理意见。

（4）安全责任追究制度。对特种设备生产、使用单位,检验检测机构,安全监督管理部门以及各级政府的相关人员,要认真履行安全职责;对失职、渎职并导致事故者,依法追究相应责任。

（5）安全状况公布制度。国家质量监督检验检疫总局和省、自治区、直辖市质量技术监督局应当定期向社会公布特种设备安全状况,包括在用特种设备数量和特种设备事故的情况、特点、原因分析以及防范对策等。

监督检查的一项重要内容是加强后续监管,对从事行政许可事项的活动进行有效监督,是确保行政许可有效性的重要措施。各项行政许可规定了严格的后续监管措施,其对应关系见表2-1。

表2-1　行政许可与后续监督管理的关系

行政许可项目	后续监管措施
设计许可	产品制造监督检验
制造许可	
安装、改造、修理许可	安装、改造、修理过程监督检验
充装许可	执法检查
使用登记	定期检验、执法检查
检验检测机构核准	定期监督抽查考核、执法检查
检验检测人员考核	检验检测工作质量考评
作业人员考核	执法检查

四、现行特种设备质量监督体系

现阶段我国对特种设备在质量监督上分为行政监督和技术监督两个方面。行政监督也称为安全监察。

行政监督的主要工作是对特种设备的行政许可,特种设备行政许可是我国行政许可的一部分,是在特种设备质量监督领域贯彻安全生产预防为主方针的重要手段,也是世界各国的通行证做法,我国及其他国家的实践证明,这个手段对确保特种设备的安全起到了重要作用。我国的行政许可,按照《中华人民共和国行政许可法》(中华人民共和国主席令 第七号 2003 年 8 月 27 日公布)的规定设定和实施。我国现行的特种设备行政许可,主要由《特种设备安全法》《特种设备安全监察条例》和《国务院对需要的行政许可审批项目设定行政许可的决定》设定的。

特种设备行政许可根据许可对象分为单位资格许可、个人资格许可和设备有关许可。

单位资格许可有分为设计单位,制造单位,安装、改造、修理单位,气瓶充装单位,检验检测机构等资格许可。

个人资格许可分为作业人员(或称操作人员)、检验检测人员等资格许可。

设备有关许可主要是特种设备使用登记和设计文件鉴定。制造单位资格许可采用两种方式进行许可。一是采用条件审查(由安全技术规范统一规定资源条件、质量管理体系和产品质量等要求)的方式进行许可;另一种是采用对产品进行型式试验的方式进行许可。

第五节　开展质量监督的目的与作用

在特种设备行业开展质量监督的目的就是要保证特种设备的质量,保持其使用中的安全性、可靠性,尽量避免由于特种设备事故造成的人身伤害和财产损失。

质量监督工作有以下作用。

(1)质量监督是向损害国家和人民权益行为进行斗争的一种手段。社会主义生产目的是为了满足人民不断增长的物质和文化生活的需要,向人民提供各种物美价廉、安全可靠的优质产品。但是,在市场经济环境中往往有些企业和个人违背社会主义生产目的,忽视质量,粗制滥造,以次充好,甚至弄虚作假欺骗用户,非法谋取利益,损害消费者和国家的利益。加强质量监督就是要发现和纠正偏离社会主义生产目的偏向和经济领域的不正之风,以维护社会主义商品经济的正常秩序。

(2)质量监督是保证实现国民经济计划质量目标的重要措施。产品质量和经济效益,在我国国民经济和社会发展长远规划和年度计划中,占有很重要的地位。国民经济的许多产业部门都把采用先进的高新技术、提高产品质量、开发新品种作为发展重点。为了实现上述目标,很重要的一条措施就是加强质量监督,以促进其实现。

(3)质量监督是贯彻质量法规和技术标准的监察措施。国家颁布的有关质量的许多法规的贯彻执行,如《标准化法》《计量法》《食品卫生法》《药品管理法》《经济合同法》《工业产品质量责任条例》《产品质量监督试行办法》等,需要质量监督予以维护和监督执行。国家颁布的强制性的技术标准,包括国家标准、行业标准、地方标准,是必须执行的技术法规,也需要通过质量监督进行督导和监察,以促进技术标准的贯彻执行。

(4)质量监督是促进企业提高质量意识、健全质量体系的重要手段。实行质量监督,是对企业的产品质量和质量工作的考核和检验,发现问题,要依据有关的法规进行处理,奖优罚劣。以促进和帮助企业健全质量体系,加强生产检验工作,不断提高产品质量。

(5)质量监督是发展对外贸易、提高我国产品竞争能力、保障我国经济权益的重要措施。随着我国改革开放指导方针的贯彻执行,我国进出口贸易将大大发展,我国的产品将越来越多地参与国际市场的竞争。竞争的关键在于质量,只有高质量的产品才具有竞争能力,才能扩大出口。质量监督是保证产品质量、提高竞争能力、限制低劣商品进口和保障我国经济权益的重要措施。

(6)质量监督是维护消费者利益、保障人民权益的需要。实施质量监督活动能有效地保护消费者的合法权益,同时,作为消费者也应使用质量监督的有关法律向承制单位进行查询,向社会作出如实的评价或宣传,向国家法定或国际公认的质量监督机构申诉等形式进行质量监督,以保护自身的合法权益。承制单位必须对消费者购买的产品质量负责。消费者发现购买的产品存在质量问题,有权要求供方对所提供的产品负责修理、更换、退货或赔偿等。这也是质量监督法规赋予双方的基本权利和义务。

各级政府的质量监督管理部门,一般都设有专人、备有专用电话和投诉信箱,接待和处理消费中出现的产品质量问题。

第六节 行政监督与技术监督

特种设备质量监督的主体是对特种设备的质量实施监督的组织或人员。特种设备的质量监督主体包括行政监督和技术监督两方面。

一、行政监督与技术监督的概念

行政监督也称行政监管,又称安全监察,是运用行政的手段对特种设备的设计,制造,销售,使用等全寿命、全过程的质量监督。

行政监督的主体是政府的行政执法部门、职能部门及行政监督人员,或称安全监察部门和安全监察人员。行政监督主要有以下任务。

(1)对特种设备设计、制造(含安装)、改造、修理资质的审批;

(2)对特种设备生产许可的审批与管理;

(3)对特种设备作业人员的考核监督与资质管理;

(4)对特种设备使用过程的监督管理;

(5)负责特种设备的事故调查和处理意见;

(6)处理特种设备全寿命过程中出现的其他事项。

技术监督也称监督检验,是运用技术手段对特种设备的设计、制造、销售、使用等全寿命过程质量的监督。技术监督包括专业技术和管理技术。

技术监督的主体是检验机构和(或)检验人员。技术监督主要有以下任务。

(1)根据行政监督部门下达的任务及检验范围,完成特种设备的检验,并作出检验结论;

(2)对生产单位质量体系的建立及运行情况进行审查,提出是否具备生产、维护保养资质的意见和建议。

(3)根据行政监督部门下达(或备案)的任务计划,对在用的特种设备进行检验,提出能否继续使用的结论。

(4)通过对在用特种设备的检验,对维护保养单位的质量体系运行以及实物质量安全状况的意见和建议。

(5)对特种设备出现的一般质量问题进行处理,参与并协助行政监督部门对重大质量问题的处理;并从技术上参与查找出现质量问题的原因,根据查明的原因督促施工单位进行整改落实,对整改效果进行监督,并提出意见和建议。

(6)参与特种设备事故的处理,从技术上分析事故发生的原因。

二、行政监督与技术监督

质量监督主体职能和作用的发挥,在赋予职责的同时,必须赋予相应的权利,做到职责和权利的统一。否则,质量监督工作只能是空谈,达不到特种设备质量保持和提升的目的。

技术监督是质量监督的基础和重要组成部分,是行政监督的技术支撑,为行政监督提供技术服务。

行政监督是质量监督的手段,是技术监督发挥工作效能的后盾,行政监督必须以技术监督为基础,并为技术监督提供行政服务和行政保障。

行政监督和技术监督不能割裂,两者是相互依赖,相互依存的,缺一不可。否则,质量监督工作的效能和目的就达不到。行政监督必须以技术监督为基础和依据,否则,行政监督就成为无本之木,无源之水;技术监督必须有行政监督的支持,否则,技术监督工作就难以实施,其监督效能就难以发挥。

总之,只有行政监督和技术监督有机地融为一体,才能实现真正意义上的质量监督,才能起到质量监督的真正作用,达到质量监督的真正目的。

三、行政监督与技术监督的信息传递

行政监督与技术监督必须建立有效的信息传递与处理机制,这样才能保证质量监督整体效能的发挥。其信息的传递包括:生产资质获取及维持、安装修理资质的获取及维持、在用设备的质量及管理质量等。

1. 新申请资质的信息传递与处理

当行政监察机构接到资质申请后,行政监督机构将申请材料转到技术监督机构,由技术监督机构根据资质核准的要求和规定进行初审。将初审的结果和意见反馈给行政监督机构,行政监督机构根据技术监督机构的意见和建议,组织专家进行审核。根据审核的结论决定是否批准其资质。若技术监督机构提出整改的要求,待申请单位整改完成后,行政监督机构再组织专家进行审核。

2. 日常监督的信息传递与处理

特种设备生产单位质量体系的有效运转程度,决定着特种设备质量的一致性和稳定性。对资质单位质量体系的监督是一项经常性的工作。技术监督机构一方面要完成特种设备的技术监督;另一方面是对生产单位的质量体系运行情况实施监督。

当技术监督机构发现生产单位的质量体系运转不正常时,应立即报行政监督机构进行处理。行政监督机构根据技术监督机构提出的意见,要求被监督单位进行整改。

当被监督的单位针对技术监督机构提出的问题,"举一反三"采取有效措

施整改完成后,技术监督机构应进行核查,确认整改达到要求后,就可继续进行其资质范围内的工作。其信息传递图如图 2-1 所示。

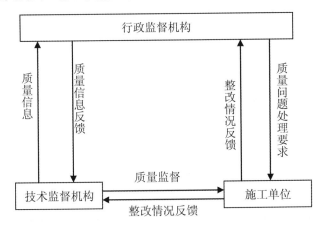

图 2-1　质量信息传递图

第七节　质量监督与产品标准的关系

对产品实施质量监督是为了保证质量要求,由第三方或用户对产品进行评价,并按规定的标准或合同对评价进行分析。

一、产品标准是产品质量监督的技术依据

产品质量是指产品实际特性对使用要求的满足程度,它是指产品满足规定要求或需要特性的总和。产品标准则是为了保证产品的适应性,对产品必须达到全部技术要求制订的统一规定。当然这个统一规定是以科学、技术和实践经验的综合成果为基础,经有关方面协商一致、有关部门批准,以特定的形式发布的。

由此可见,产品质量实际上是由产品标准和对标准的执行情况所决定的。事实上,产品质量监督归根到底就是评价和分析产品是否符合产品标准的规定。在质量监督过程中,从抽样、检验、评价、分析到处理,都离不开标准,都必须以产品标准作为技术依据去开展工作。产品合格与否的判断是按照产品标准中技术内容来进行的,达到标准规定要求的为合格,否则为不合格。质量监督过程中对不合格品的处理也是这样,在《中华人民共和国产品质量法》《中华人民共和国标准化法》《工业产品质量责任条例》《中华人民共和国特种设备安全法》《特种设备安全监察条例》中对不合格品的生产厂家和经销部门,都规定了停止生产和销售、罚款、行政处理以及其它方式,但这些处理方式的使用是根据产品实际质量偏离产品标准的严重程度来决定的。所以,在质量监督的全过程中,标准一直是监督工作的技术依据,离开标准就谈不上对产品质量实施监督。

二、实施产品质量监督是增强全社会标准意识的有力措施

产品质量监督以标准为依据,但产品质量监督的实施,对增强全社会的标准意识、消灭无标生产的现象起着强有力的促进作用,质量监督的过程也是一个标准化的知识普及过程。

近年来,整个社会对标准的认识不断提高,但仍然看到一些企业连产品执行何种标准都不清楚;有些企业执行的标准早已过期作废;还有一部分企业既无国家标准、行业标准,又未制订企业标准,生产处于无标状态。随着产品质量监督工作的深入,企业在标准方面的问题就会暴露出来,按作废标准生产的产品在产品质量监督中被判为不合格。无标生产的产品都会被停止生产和销售,这无疑给这些企业敲响了警钟,使他们认识到企业必须按有效的标准去组织生产,否则就是不合法的。从而促使他们关心标准、学习标准、贯彻标准以及及时制订企业内部标准。

三、产品质量监督有利于提高企业的标准水平

在我们开展产品质量监督时,所依据的标准,相当大的部分是国家标准、行业标准,也有一部分是企业标准。较高技术水平的企业标准,既具有先进性又具有实用性,既贯彻了国家强制性标准的规定,又考虑到用户的要求,同时也为质量监督工作的顺利进行创造了良好的条件。但是,从质量监督的实际情况来看,在有些企业制订的标准中也不同程度地存在着一些不良倾向。

(1)一些企业有一种害怕心理,害怕产品标准制订严了会造成产品不合格,因而在标准中,不恰当地放大技术指标的余量,而产品的实际性能却远远高于标准要求。由于产品标准反映的是企业生产产品普遍能达到的质量水平,因而很可能使人们将质量优的产品看成是低档次的产品,从而使企业的经济效益受到影响。

(2)有一些企业不根据市场要求和企业实际的生产技术水平,不切实际地提高标准的指标要求和延长保质期,人为地增加了企业在生产经营过程中的风险率,降低了产品的合格率,因而给用户造成了损害。

这些问题,都有可能在监督过程中暴露出来,并通过一定的渠道反馈到用户。对此,企业认真地思索,对自己制定的标准按照科学性,先进性,实用性的原则去分析、研究、修改,在不违背国家强制性标准和满足用户需要的前提下,根据企业实际的生产水平,既不任意降低技术指标,又不随意地提高要求,这样的标准就可以作为企业组织生产的标准和为产品质量监督提供科学合理的依据。

第八节　安全技术规范与产品标准

安全技术规范与产品标准既有联系也有区别。

一、产品标准

对产品结构、规格、质量和检验方法所做的技术规定,称为产品标准。产品标准按其适用范围,分别由国家、部门和企业制定;它是一定时期和一定范围内具有约束力的产品技术准则,是产品生产、质量检验、选购验收、使用维护和洽谈贸易的技术依据。

我国现行的标准分为国家标准、行业标准、地方标准和企业标准。凡有强制性国家标准、行业标准的,必须符合该标准;没有强制性国家标准、行业标准的,允许适用其他标准,但必须符合保障人体健康及人身、财产安全的要求。同时,国家鼓励企业赶超国际先进水平。对不符合强制性国家标准、行业标准的产品,以及不符合保障人体健康和人身、财产安全标准和要求的产品,禁止生产和销售。

对于特种设备,产品标准还进行分层,如基础规范、总规范、分规范、空白详细规范和详细规范。

(1)总规范(通用规范)适用于一个产品门类的标准。通常包括该类产品的术语,符号,分类与命名,要求,试验方法和质量评定的程序、标志、包装、运输、贮存等内容。

(2)分规范根据需要,在一个产品门类共用的标准(即总规范)下加进适合于某一个分门类产品(或称某一类型)的标准。对于一个特定的分门类产品,当有较多特有内容需要统一规定时,可制定分规范。

(3)空白详细规范不是独立的规范层次,它是用来指导编写详细规范的一种格式。在空白详细规范中填入具体产品的特定要求时,即成为详细规范。

（4）详细规范完整地规定某一种产品或一个系列产品的标准。它可以通过引用其他规范（或标准）来达到其完整性。

二、产品标准和企业标准的区别

产品标准就是针对产品而制定的技术规范,在我国针对产品制定的技术规范有国家标准、行业标准、地方标准和企业标准4种。

企业标准指企业是对企业范围内需要协调、统一的技术要求,管理要求和工作要求所制定的标准,它是企业组织生产、经营活动的依据。企业标准一般分为产品标准、方法标准、管理标准和工作标准。

产品标准和企业标准是相互联系、相互包含的关系,即产品标准中有企业标准,企业标准中有产品标准。但是,产品标准和企业标准的根本区别是从不同角度来定义的,即产品标准是从制定标准的客体（对象）——产品而定义的,企业标准是从制定标准的主体——企业而定义的。

在我们日常生活中,所常见的企业标准大多是产品标准,实际上准确的说法应该是企业产品标准,也就是企业对所生产的产品而制定的技术规范。

三、安全技术规范

安全技术规范是指国家为了防止劳动者在生产和工作过程中发生伤亡事故,保障劳动者的安全和防止生产设备遭到破坏而制定的各种法律规范。

四、安全技术规范与产品标准

在特种设备中安全技术规范具有强制性,主要是保证产品的安全性。产品标准是特种设备必须达到的一般要求。

安全技术规范来源于产品标准又不同于产品标准,其技术要求随着产品标准的更新而更新。

第三章

特种设备
全寿命过程及
监督管理

特种设备的全寿命周期是指从特种设备的研制到报废的整个过程。

第一节 特种设备全寿命周期的阶段划分

一般情况下,按照特种设备全寿命周期的特点,将特种设备的全寿命周期分为四个阶段,即设计阶段、生产阶段、使用阶段和报废阶段。

一、设计阶段

设计阶段又称研制阶段或研发阶段,这个阶段是特种设备从无到有的开始。这个阶段主要是通过市场调研和技术论证,设计出满足市场或顾客需要的产品。

这个阶段主要是完成产品图样设计和技术文件的编制工作。这个阶段完成的标志是通过设计文件鉴定和(或)型式试验。目的就是获得符合要求的图样和技术文件,这些图样和技术文件是用来指导建立生产工艺流程和工艺装备的,是将图样和技术文件转化为产品的依据。

二、生产阶段

生产阶段也称为生产过程,就是将设计的图样和技术文件的意图转化为产品实体的过程。这个阶段是通过合理的工艺流程和必要的工艺装备实现图样和技术文件的意图,也就是按照一定的工艺过程和工艺装备生产出符合设计图样和技术文件要求的产品。

这个阶段主要是通过型式试验工作确定生产工艺、工艺流程、工装设备,保证后续产品生产的质量、产品质量一致性、产品质量的稳定性能满足设计图样和技术文件的要求。

这个阶段还包括特种设备的安装、移装和改造过程。

三、使用阶段

使用阶段是特种设备安装完成后,从正式投入运行到报废的过程。使用阶段是特种设备发挥作用的过程,是特种设备研制和生产的主要目的。这个阶段要求特种设备的所有者或使用者、维护保养者,按照国家对特种设备的管理要求进行使用、维护保养等,直至报废。

四、报废阶段

报废阶段是指特种设备再无使用价值,或国家明令淘汰的特种设备,予以报废处理的过程。被确定为报废或淘汰的特种设备不得移装使用。

第二节　特种设备全寿命周期的监督管理

加强特种设备全寿命过程的监督管理,就是保证特种设备全寿命过程的质量,保证其安全运行。根据特种设备全寿命的阶段划分,其主要的监督管理流程如图 3－1 所示。

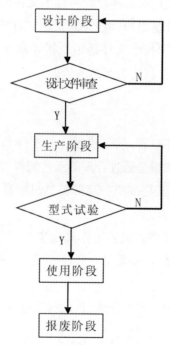

图 3－1　全寿命周期控制图

根据监督管理的流程,每个阶段监督控制的重点及内容有下述几个阶段。

一、设计阶段

设计阶段监督管理的重点是设计图样和技术文件的正确性。其控制的手段是通过设计文件鉴定和型式试验工作,验证设计图样和技术文件的正确性、一致性、完整性,以及满足安全技术规范要求的程度。

设计阶段型式试验工作包括:申请,试验大纲的审批,试验,审查,审批。

设计阶段型式试验工作的审查包括:设计图样和技术文件的正确性、完整性、一致性审查;试验样机与图样和技术文件的一致性审查;原材料(元器件)代用的正确性、科学性审查;型式试验过程的执行情况及试验结果满足设计要求的程度审查;型式试验结果满足安全技术或型式试验大纲要求的判定。

当型式试验未通过时,必须重复以上工作直至通过,否则不能进行生产或销售。

二、生产阶段

生产阶段监督控制的目的是验证按照一定的生产工艺、工艺装备、生产人员生产出的产品满足设计图样和技术文件要求的程度。其控制手段是通过生产的型式试验工作来进行验证的。

生产阶段型式试验工作包括:生产质量保证制度及执行,工艺文件的制定及执行,生产人员的资质,工艺装备,生产过程的控制,试验,审查等。

生产阶段型式试验的审查工作包括:提供的样机是否按照工艺文件生产的,样机与设计图样和技术文件的一致性,试验过程执行情况及试验结果的科学性,原材料(元器件)是否代用及代用的控制,生产过程的质量控制,生产工艺及装备能否满足质量控制的要求等。

当生产阶段的型式试验未通过时,必须重新进行生产阶段的型式试验工作,否则,不能进行生产和销售。

由于特种设备的特殊性,其设计阶段的型式试验与生产阶段的型式试验大都是合二为一进行的。

三、使用阶段

使用阶段控制的目的是保证特种设备在使用期间的可靠性、安全性。其监督控制手段主要是通过定期或不定期的监督检验和监督抽查工作进行。

监督抽查包括行政监督和技术监督。行政监督主要是规范特种设备的使用、管理、维护、保养等行为。技术监督是指通过技术检验的手段对特种设备使用过程中的安全性状况,以及维护保养单位的工作质量和使用单位的管理质量进行监督的一种方式。技术监督分为定期监督检验和不定期的监督检验。

四、报废阶段

报废阶段监督控制主要是对决定淘汰的特种设备的监督管理。其主要控制手段是注销控制制度,是防止被淘汰的设备再次被使用的一种措施,以消除使用中的安全隐患。

被国家明令淘汰的产品必须停止使用,并予以报废。

五、图样和技术文件的监督管理

对图样和技术文件进行监督管理的目的是保证生产产品的一致性。通过型式试验的产品图样和技术文件、工艺、工艺装备、质量控制方式的监督管理,可以有效地保证生产产品的一致性和可追溯性。对其监督控制的方式有图样和技术文件的归档、更改程序,等等。

对图样和技术文件的归档管理包括国家或行业的档案机构对图样和技术文件的统一归档管理,设计单位的档案管理,生产单位的档案管理,监督单位的档案管理等。

第四章

质量监督方法

质量监督方法是为了实现监督目标而使用的方法、方式、形式和手段的总称。

在长期的质量监督实践活动中,人们总结了许多的质量监督方法,涵盖了质量活动的各个领域和各个方面。

按照控制论的方法,可将质量监督分为事前监督、过程监督、事后监督三种。这种分类是基于质量监督活动是一项综合性控制活动,三种基本方法是从监督对象的进程出发,宏观的、抽象的方法。

按照监督内容定量和定性的特征可分为定量和定性方法,它是从事物数量关系出发的、抽象的方法。

从实用角度出发可将质量监督分为法制方法,经济方法,鉴定评审方法,现场检查方法,检验(试验)方法,统计方法六种。

各种监督方法都是伴随一定的环境条件而存在的,每一种方法都有其适用的范围和条件。这些方法既可独立使用也可交叉、并列、互补运用。

第一节　法制方法

法制方法是指通过质量管理与监督的法律、法规、准则、规章、条例、规定等来规范客体质量活动与行为,达到保证实体质量的目的的一种方法。

一、法制方法的特点

法制质量监督的方法具有以下三个特点。

(1)具有广泛的社会性和群众性。法制监督方法的约束广范。如特种设备的生产活动,不只局限于直接操作者,凡是在其适用范围者,无论是操作者、管理者,还是物化的信息因素都得受其约束。

(2)具有外在的强制力。法制是用以规范和监督人们工作或活动的行为准则,其本质上就具有外在的强制特性。

(3)法制方法的效果不仅取决于法制本身的科学、合理和适用程度,而且还取决于法制执行的严格与有效程度。再好的法制,被束之高阁,停留在纸面、嘴边,就不可能产生应有的效果的;只有结合质量活动的具体实际,严格地、有效地贯彻法制,才能收到期望的效果。

法制方法适用于各种质量监督工作或活动,它是一种普遍方法。

二、应用法制方法应注意的事项

应用法制方法时,应重点注意以下几点。

(1)各种法制都有其适用范围,这就要求适用者视情况择法,视情况施法。质量管理与监督方面的法制有很多,大到国家政府的法律,中到部委级法规、条例、条令,小到企业内部的规章制度(如质量管理手册、工艺规程等)。

(2)法制方法的效果是有闭环要求的。即为有了法制,必须遵守法,违法必究,法制条款出现不适合时,应及时提出,不断完善等闭环过程,才能达到期望的效果。也就是把立法、检查、反馈与控制结合起来,保证法制的有效贯彻。

第二节   经 济 方 法

经济方法是指通过"价格"杠杆和"奖惩"手段来激励质量竞争,保证实体质量与促进实体质量提高的一种方法。其主要特征是经济激励和经济惩罚,利用经济手段来激发生产单位的内在潜力,从而保证实体质量。其表现形式有优质优价、处罚劣质、损失赔偿等。其约束机制一般是供需双方签订的具有法制效应的经济合同。

经济方法一般适用于有"供需"的场合,并且"供需"间存在经济关系。这时可以采取经济合同的形式来约束或保障。经济合同中应该规定双方在实体质量方面应承担的责任、权利和义务,尤其要明确经济责任。

凡是在国际国内的生产协作、配套产品的质量监督,经济合同保障形式的经济方法是比较普遍的,效果也是明显的。在市场竞争机制中能更有效地保证实体质量。

同时,经济方法也是国家或地区进行行政监督的手段之一。即通过经济的处罚对生产、销售、使用环节的产品质量进行监督的有效措施。

第三节   鉴定评审方法

鉴定评审方法是指由监督主体组织的,就特定质量目标或目的,对监督客体进行评价、核实其符合性的一种方法。

鉴定评审方法主要是针对客体的以下几方面。

（1）质量保证体系建立、运行情况进行检查评价。旨在了解生产单位是否具有实现质量所要求的能力；确定哪些环节将作为主体监督重点；确定能否满足规定的要求等。评审方法使用的时机一般是在"事先"。

（2）特定质量目标完成情况进行检查评价。旨在了解实体质量是否达到规定的要求，以便确定特定质量目标是否完成，存在哪些问题等。此评审方法开展的时机是在"事后"。

一、鉴定评审方法的工作依据

鉴定评审是特种设备生产的强制要求。特种设备的鉴定评审分为首次取证、换证复审、升级评审等。其鉴定评审的依据包括以下七个标准。

（1）《特种设备安全法》。

（2）《特种设备安全监察条例》。

（3）TSG Z0004《特种设备制造、安装、改造、维修质量保证体系基本要求》。

（4）TSG Z0005《特种设备制造、安装、改造、维修许可鉴定评审细则》。

（5）《特种设备行政许可鉴定评审管理与监督规则》（国质检特〔2005〕220号）。

（6）《机电类特种设备行政许可规则（试行）》。

（7）《机电类特种设备安装改造维修许可规则（试行）》。

二、鉴定评审方法的一般流程

鉴定评审方法的一般过程是确定评审项目、评审项目类别、评审标准，评审准备，现场调查，综合评价四个步骤。鉴定评审的流程如图4-1所示。

1. 约请评审、提交资料

申请已被许可实施机构受理，向鉴定评审机构提交下列资料。

（1）《特种设备行政许可受理通知书》或《特种设备行政许可申请书》（已受理，正本一份）。

（2）《特种设备鉴定评审约请函》。

（3）企业的《质量保证手册》《程序文件》《工艺文件》等。

（4）设计文件鉴定报告和产品型式试验报告（安全技术规范及其相应标准有设计文件鉴定和型式试验要求时，复印件一份）。

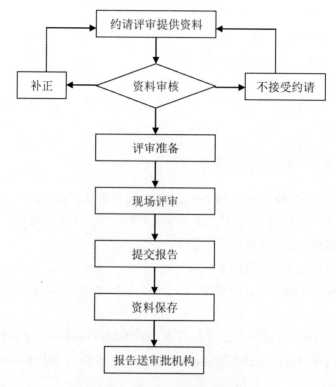

图4-1 鉴定评审的流程

2.资料评审(确认)

评审机构在接到申请评审约请后,在评审前应对申请单位提供的资料进行评审(确认),一般包括以下内容。

(1)申请单位提交的申请是否已被受理。

(2)约请的评审项目是否在本机构授权范围内。

(3)制造条件评审时,拟评审的产品是否已完成型式试验且结论合格;型式试验产品的型号规格与受理通知书(申请书)是否一致。

(4)安全技术规范及其相应标准有设计文件鉴定要求时,提交时设计文件鉴定报告是否与拟评审的产品相符。

(5)质量保证手册是否基本符合要求。

(6)申请单位的基本条件是否满足要求。

(7)能否满足申请单位提出的评审时间要求。

(8)了解申请单位试制产品(试安装、改造、修理等)和有关准备工作情况。其试制产品(试安装、改造、修理等)应当满足和覆盖受理的许可项目。

对不符合规定要求的,应当在 10 个工作日内一次性告知申请单位需要补正的全部内容。

认为不能在规定时间内完成鉴定评审工作或者因其他原因不接受约请的,应当在约请函上签署意见,于 5 个工作日内书面告知申请单位,并退回提交的资料。

3. 评审准备

评审准备也称评审策划,主要策划评审的人数和天数,制定评审计划,查阅申请资料,准备监督评审工作的文件等。

确定人数和天数时要考虑以下内容。

(1)评审产品的数量及复杂程度。

(2)评审地址数量。

(3)评审企业规模。

(4)评审产品的生产地点及特点。

评审时间一般应当在 2～3 个工作日内完成,特殊情况下最长不得超过 5 个工作日。

制定评审计划要反映出评审对象,评审时间,评审项目,评审人员,评审组内职务,联系方式,并告知相关部门,评审具体分工,评审日程安排等。

鉴定评审机构应当在鉴定评审实施日期的 7 日前,向约请单位寄发《特种设备鉴定评审通知函》,并抄送许可实施机构及其下一级质量技术监督部门。

查阅申请资料时主要查阅申请书、受理通知书、型式试验报告、质量保证体系文件等。

需要准备的监督评审工作文件有:法律、法规、安全技术规范、标准、记录等。

三、现场评审

现场评审是鉴定评审工作的重点,其工作程序如图 4－2 所示。

1. 预备会

鉴定评审组到达评审现场后,召开由鉴定评审组成员和申请单位主要负责人和相关人员参加的预备会。会议主要内容有以下两方面。

(1)协商鉴定评审工作安排。

(2)协商首次会议参加人员的范围和会议程序。

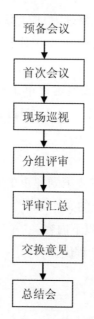

图 4-2　现场评审工作程序

2. 首次会议

首次会议由鉴定评审组长主持,参加人员包括鉴定评审组全体成员,质量技术监督部门代表(由该部门决定)申请单位负责人、质量保证工程师、质量控制系统责任人员以及其他主要人员。会议主要内容以下四方面。

(1)介绍有关人员。

(2)监督评审组长说明鉴定评审工作依据、日程安排、内容和要求;鉴定评审工作纪律,鉴定评审组成人员分工。

(3)质量技术监督部门代表讲话。

(4)申请单位介绍基本概况,产品(设备)试生产情况,质量保证体系建立、实施情况,换证申请单位应当介绍持证期间的相关情况。

3. 现场巡视

现场巡视与受理的许可项目有关的部门、场地、设施和设备。其重点是材料库,配件库,焊材库,焊接试验室,无损检测室,加工设备,安全部件与主要零部件的生产与检验设备,热处理设备,起重与必备的工装设施,组焊现场,调试、装配、其他特殊试验场地和设备以及各个工序的生产情况等。

在现场巡视时,鉴定评审人员应当记录试制产品的编号、使用的材料、零部件标记、特种设备作业人员标识、现场质量保证体系实施和执行工艺等情况。

4.分组评审

根据申请单位的地址数量、产品类型等确定评审分组的数量,根据评审人员的特长确定人员分组。分组评审的方式有以下几种。

(1)查阅相关资料。

(2)现场实际检查。

(3)座谈和交流。

(4)产品(设备)安全性能抽查等。

分组审查的内容包括以下三方面。

(1)申请单位的资源条件。

(2)质量保证体系地建立和实施。

(3)产品(设备)安全性能。

5.鉴定评审情况汇总

现场鉴定评审工作结束后,鉴定评审组组长与鉴定评审人员交流评审中发现的问题和情况。必要时鉴定评审组长应当再次确认鉴定评审中发现的问题,对所有问题和情况均予以确认后,鉴定评审组组长将所发现的问题进行汇总,形成《特种设备鉴定评审工作备忘录》。

6.交换鉴定评审意见

鉴定评审组与申请单位的领导层及质量保证体系有关责任人就鉴定评审工作中发现的问题进行交流。鉴定评审组应当向申请单位说明鉴定评审的意见和建议,并征询申请单位有关人员的意见,双方交换意见后,在《特种设备鉴定评审工作备忘录》上签字确认。

7.鉴定评审总结会

鉴定评审总结会由鉴定评审组组长主持,鉴定评审组全体成员,质量技术监督部门代表,申请单位有关责任人、质量保证体系有关责任人员或负责人参加。会议一般有以下内容。

(1)鉴定评审组组长代表鉴定评审组介绍鉴定评审工作情况和发现的问题。

(2)质量技术监督部门代表讲话。

(3)申请单位领导发言。

四、《特种设备许可鉴定评审报告》的出具

在现场审核完成后应及时出具《特种设备许可鉴定评审报告》,并由评审机构审批、加盖公章或鉴定评审专用章。

对于申请多个项目、类别、级别进行鉴定评审时,鉴定评审机构应当对每个许可项目、类别、级别分别作出鉴定评审结论。

鉴定评审机构在完成现场评审后5个工作日内,及时汇总《申请书》、型式试验合格报告、《评审记录》与签署了评审意见的《特种设备许可鉴定评审报告》以及评审后复审的《评审记录》与签署了评审结论的《特种设备许可鉴定评审报告》,报送给受理机构。

对经评审或复审结论为"不符合条件"的,评审机构应当在完成现场评审后10个工作日内报告受理机构。

五、鉴定评审结论

鉴定评审结论意见为"符合条件""不符合条件""需要整改"三种。

1. 符合条件

全部满足许可条件,鉴定评审结论意见为"符合条件"。

2. 需要整改

申请单位的现有部分条件不能满足受理的许可项目规定,但在规定的时间内能够完成整改工作,并满足相关许可条件。

3. 不符合条件

不符合条件分为初次取证时的鉴定评审结论"不符合条件"与换证鉴定评审时的鉴定评审结论"不符合条件"。

首次取证鉴定评审发现申请单位有以下问题时,鉴定评审结论应为"不符合条件"。

(1)法定资格不符合相关法律法规的规定。

(2)实际资源条件不符合相关法规、安全技术规范的规定。

(3)质量保证体系未建立或者不能有效实施,材料(零部件)控制、作业(工艺)控制、检验与试验控制、不合格品(项)控制以及与许可项目有关的特殊控制,如焊接、无损检测等质量控制系统未得到有效控制,管理混乱。

(4)产品(设备)安全性能抽查结果不符合相关安全技术规范及其相应标

准规定。

（5）申请单位有违反特种设备许可制度行为。

换证鉴定评审发现申请单位除存在以上问题外，还有以下问题时，鉴定评审结论应为"不符合条件"。

（1）发生涂改、伪造、转让或出卖特种设备许可证，向无特种设备许可单位出卖或非法提供质量证明文件。

（2）不按照规定接受各级质量技术监督部门的监督检查和监督检验机构实施的监督检验，经责令整改仍未改正。

（3）产品（设备）发生严重安全性能问题（事故）。

（4）换证鉴定评审的其他重点项目存在严重不合格。

4. 整改要求

鉴定评审结论为"需要整改"时，申请单位应在 6 个月内完成整改工作，并在整改工作完成后将整改报告和整改见证资料提交鉴定评审机构。若在 6 个月内未完成整改或整改后仍不符合条件，结论为"不符合条件"。

六、资料归档

在整个鉴定评审工作结束后，要将鉴定评审受理书、约请函、评审计划、评审记录、评审报告等按照相关要求整理归档。

第四节　现场检查方法

现场检查方法是指监督主体依据规定的要求，对客体活动过程或实体形成过程中影响质量的因素进行调查、分析和控制的一种方法。现场检查方法是质量监督工作中最直接、最贴近、最及时、最具效率的监督方法。影响实体质量的因素有外在和内在之分，现场检查方法只关心内在因素。人们经常说的"人、机、料、法、环"，就是影响实体质量的几大因素。"发生时"，具体到产品质量监督活动中，它可以是：设计和开发过程，过程策划和开发，采购，生产或提供服务，验证，包装和贮存，销售和分发，安装和投入运行，技术支持和服务，售后，使用结束时的处置和再利用等大的阶段或时期；"发生地"就是这些大阶段或时期中具体影响质量因素的场合、部位。如"人、机、料、法、环"等。

现场检查方法可运用于一切客体活动过程或实体形成过程的质量监督。

一、现场检查的一般过程

现场检查的一般过程是确定现场的主要检查内容,确定现场检查方式,编制现场检查计划表,实施现场检查,问题分析与反馈控制。

1. 现场检查主要内容的确定

根据监督客体的现实情况,围绕"人、机、料、法、环"进行逐一地、具体地分析,合理而全面地确定现场检查内容,以保证现场检查的有效性。如,以往质量保证体系运转效果;质量问题重复率;质量管理信息畅通性;当前实体形成的计划安排及操作场地;当前的监督目标与计划等,有目标、有重点地确定现场检查内容、时机。

2. 现场检查方式的确定

现场检查方式可以是定期检查,定点检查,追踪检查,抽样检查等形式。具体采用何种形式,要根据实际情况确定。

(1)定期检查。对实体形成过程中呈周期性变化且影响质量的因素进行的一种检查。该检查利于安排现场检查计划,但要准确掌握实体形成过程中周期性变化的质量因素的"周期"不是件容易的事。若把握不准,定期检查的效果就会失真。

(2)定点检查。对实体形成过程中相对固定部位且影响质量的因素进行的一种检查。该检查有利于现场检查计划,要搞好定点检查,关键是准确掌握实体形成过程中有哪些部位,有哪些影响质量的因素。定点检查的具体形式有以下几方面。

1)监督点检查:对规定的监督点,在到来之前进行的预先的检查。它起着预先把关的作用。如工序开始之前,先来检查一下关键工艺要求的资源就绪情况。

2)完工点检查:对规定监督点,在完工后所进行的事后检查。它起到事后把关的作用,分析问题,及时采取有效措施予以预防。

3)文件点检查:对规定的监督点完成后记录文件的检查。它适用于监督者人员不足、监督点过后难以检查、质量主体质量保障能力强及信誉高等情况,这是一种建立在充分信任基础上的检查。

(3)追踪检查。为寻找、追查质量问题或关注规定的过程(统称为特定目标)而连贯地检查的活动。它是以特定目标为主线的连贯检查过程,目的是为了保证特定目标的完成。追踪检查中可以使用多种方式或手段开展工作,如使用抽样检查、统计分析等。

(4)抽样检查。对所要检查的对象,从中抽取一定数量的样本,通过对样本的检查,得出对检查对象的看法和意见,做出有关结论的过程。抽样检查要求抽取的样本能够较好地代表检查对象的全体,这一要求看似简单,做起来是很严格的,它决定了抽样检查的效果。抽样检查不是一种职能性现场检查方法,而是定期、定点和追踪检查中使用的一种手段。

3.编制现场检查计划表

确定检查项目、检查方式后,就要明确各检查项目的具体实施计划。实施计划包括检查者、检查时间、检查部位和检查频次。

4.实施现场检查

根据现场检查计划、检查项目及检查方式,对客体进行检查,记录检查中有关数据。

5.问题分析与反馈控制

根据现场检查的数据和有关资料,及时分析判别,有问题及时反馈到实体形成过程。采取有效措施解决问题,保障实体质量。

确定的现场检查内容包括以下几项。

1)项目类别,是根据各检查项目相对整体的重要程度将项目划分为关键项、重点项、一般项三个类别,或者为重点项、一般项两个类别。

2)检查要点,告知监督者如何去检查。

3)检查时机,指相应项目何时去检查,在何处进行。

4)检查结果,指现场检查判别结论。

第五节 检验(试验)方法

检验方法是检查或验证实体是否满足或符合规定要求的一种方法。检验方法一般是在实体形成后或者实体达到某个特定状态时进行,它适用于所有实体的质量监督。

检验方法一般用于检查完工实体或者实体达到某个特定状态时的质量是否达到了规定的要求,或者验证设计方案的正确性,或者验证解决质量问题的有效性等。它有两个特点:一是事后监督;二是符合性质量检查。它有两个局限性：一是不能及时发现实体质量问题，等到检验发现问题，实体或其特定状态已形成，这时它尽管防止或把住了不良质量，但不是经济的做法；二是控制不住影响实体质量问题的诸多因素，由于它是事后进行的，产生实体不良质量的因素已作用完毕，因而不能及时发现，以达到举一反三，防止类似问题重复。

一、检验方法的一般过程

检验方法运用的一般过程是确定检验项目，确定判别标准，确定检验方式和手段，实施检验，检验结果分析、判别与反馈。也可以是：首先确定检验大纲（包括项目、判别标准、方式和手段等），检验，对检验结果进行分析、判别与反馈。

二、检验项目的确定

根据实体的特点、规定的质量特性要求、以往的质量状态、当前监督目标与计划等方面确定检验项目。确定项目的原则是全面反映规定的质量特性，结合质量监督目标，重视以往质量经历，区分主次。

三、确定判别标准

判别标准是指用于区分检验(试验)项目是否符合规定要求的尺度。它是根据规定的要求和(或)实际情况制订的。

确定判别标准时，要掌握以下几点。

(1)"全面"，即要制订所有项目的判别标准。

(2)"准确"，即判别标准要准确反映项目的内含。

(3)"简单"，即实际操作起来简洁明了，如检验结果与标准仅为比较数值大小、仪表直接显示合格与不合格等。

四、检验(试验)方式和手段的确定

检验(试验)方式和手段是有效保证检验(试验)方法运用的重要途径。

检验(试验)方式是指检验(试验)的开展形式，通常有实验室运行(在模拟的典型环境条件下，让实体运行)、仿真运行(包括实物仿真和半实物仿真，依据实体运行的数学模型或原理，在实体运行中直接将环境影响量加入实体

里)、实际运行(让实体实际使用或运行)。在检验(试验)实际中,具体采取何种方式,要根据检验(试验)项目与实体的复杂程度来确定,以能充分表现检验(试验)项目为原则。

检验(试验)手段是指观察检验(试验)过程变化的形式,通常采用以下几种手段。

(1)感官检验(如视觉检验,听觉检验,味觉检验,嗅觉检验,触觉检验等)。

(2)理化检验:物理检验(如度量衡检验,光学检验,热学检验,自动化检测等)、化学检验(如常规化学分析的质量分析等)、物理化学分析(如电化学分析,色谱分析,质谱分析,放射化学发展等)。

(3)抽样检验(百分比抽样,统计抽样,全数检验等)。

(4)复合检验:即上述(1)(2)(3)的任意组合所形成检验。

五、检验实施

根据确定的检验项目、方式和手段对实体进行检验。

六、检验结果分析、判别与反馈

根据检验数据和判别标准,及时分析判别,有问题及时反馈到生产单位和质量监督管理部门,采取有效措施解决问题,确保实体质量。

第六节　统计方法

统计方法是指有关采集、整理、分析和解释统计数据,并对其所反映的问题做出一定结论的方法。在质量监督活动中,统计方法一直贯穿始终,它对质量监督工作效率起着积极而重要的作用。它的特点:一是间接的、辅助的监督方法,依靠具体的监督活动,从中获取有关数据后,通过处理数据来提出某些结论(特征、规律、趋势等),用于反馈、辅助决策、控制产品质量,达到监督目的;二是相对静止性,因为统计方法是用数据作基础的,而获取的数据总是表征事物的某个状态的,这个状态,对于研究它的时刻来说,它已经不再变化了,即相对静止了;三是有限性(风险性),由于静止性、统计性的存在,带来结果的有限性。这三个特点告诉我们,对于统计方法给出的结果,不论统计方法多先进、多新颖，它对质量监督工作始终只能起到做辅助性的、有限性的依据作用。

一、通常采用的统计技术

在质量监督的过程中，通常采用的统计技术有以下几种。

(1)特征值(如平均值、中位数、标准方差、方差、极差等)。用于表征事物某特征的统计方法。

(2)直方图、控制图。用于反映某个特征(如实体的质量特征、监督计划中的指标等)变化或波动规律和原因的一种直观图示方法。

(3)排列图。用于反映多种因素对目标影响程度大小主次的一种直观图示方法。如分析影响某实体质量的几个因素中，谁是主要的，谁是次要的，谁是几乎不影响的等。

(4)散布图、回归分析、相关分析、两两比较法。用于分析和预测两个甚至两个以上的因素之间关系的一种图示方法(指散布图)或函数方法。这里两两比较常用于确定多因素或多项目的相对重要性(权重)。

(5)评价方法(如综合计分评价、模糊评价、可靠性评价等)。用于对事物的某组项目、特征、影响因素等进行检查，调查，分析或评判，给出事物所处状态的一种数学方法。如在评审方法中就要用评价方法。

(6)假设检验、显著性检验、方差分析等。用于比较事物的两种不同状态有无显著差别的一类方法。如一实体某特征在高温状态与低温状态的变化是否存在显著差异，就可以用显著性检验方法。

(7)抽样方法、抽样检验。一般用于从整体中抽取部分进行检查、调查、检验等的一种方法。如检验(试验)方法，评审、审核、认证方法中就要用抽样与抽样检验方法。

(8)因果图、树图。因果图是用于分析产生原因的因果关系的一种直观图示方法；树图是用于分析某问题与其组织要素之间的关系的一种直观图示方法。

上述8类统计技术，因其在许多教材、质量管理、数理统计、现代管理等书有专述，在此不再介绍具体使用方法。

二、统计方法运用的场合

质量监督活动中,运用统计方法的场合举例:

(1)提供表示树图特征的数据。在质量监督活动中采集的数据大都表现为杂乱无章的,这就需要运用统计方法计算其特征值,以显示其规律性。如平均值、中位数、标准方差、方差、极差等。

(2)比较两事物的差异。比较实体的两种不同状态有无显著性差异,就需要用到假设检验、显著性检验、方差分析等。

(3)分析影响事物变化的因素。在质量监督活动中,发现质量问题后为了找到问题的原因并有效地解决问题,需要用到各种分析方法,分析影响质量的因素。如因果图、散布图、排列图、树图、方差分析等。

(4)分析事物间相互关系。在质量监督活动中,常常遇到两个甚至两个以上的变量之间虽然没有确定的函数关系,但往往存在着一定的相关关系。运用统计方法来描述这些关系十分重要。这里要用到散布图、排列图、树图等。

(5)研究取样和试验方法,确定合理的试验方案。如检验(试验)方法、现场检查方法、评审方法等都要运用到统计方法。这方面的统计技术有:抽样方法、抽样检验、可靠性试验等。

(6)发现质量问题,分析和掌握质量特征数据波动情况。用于这方面的统计技术有:直方图、控制图、散布图、排列图等。

(7)对实体形成过程质量进行描述。用于这方面的统计技术有控制图等。

(8)预测事物变化趋势。在质量监督工作中,经常要用到预测技术,如预测量因素的发展关系;对未来时期影响质量的因素预测;监督计划完成情况预测等。常用统计方法有相关分析、回归分析等。

三、统计方法运用的过程

统计方法运用的一般过程是确定工作目标,确定统计技术,采集数据、识别数据,统计分析处理,结论信息反馈与控制。

(1)确定工作目标。使用统计方法总是离不开目标,总是有一定的目的。如在质量监督活动中,要分析两个因素之间的相互关系,这是工作目标。

(2)确定统计技术。根据工作目标去选择合适的统计方法。要分析两个因素之间的相互关系,就可以选择散布图法则。

（3）采集数据、识别数据。这是运用统计方法的前提。采集能够反映目标特征或特性的数据，并进行异常数据剔除后，供后面统计分析处理用。

（4）统计分析处理。利用有效数据进行统计处理，并结合统计方法的判别与分析准则给出统计分析结论。

（5）结论信息反馈与控制。统计分析的目的是利用结论信息反馈去纠正或控制工作朝着规定的目标前进。所以要及时将结论信息反馈到工作中去，保证工作目标的顺利实现。

第五章

质量监督策划

在开展质量监督工作之前,进行全面、合理、细致的质量监督策划,是做好具体质量监督工作的基础,是开展其他后续具体工作的前提。

第一节　质量监督策划的基本概念

要开展质量监督策划工作,首先应明确策划的概念,什么是质量监督策划? 什么时候策划? 怎样策划?

一、质量监督策划的含义

策划,即制订计划。而计划是指导人们未来行动的一种方案。

质量监督策划,即是指针对未来的质量监督活动,质量监督者(监督主体)制定出一种指导自己如何开展质量监督工作的行动方案。

质量监督的目的是确保企业生产出满足需要(即满足用户的质量要求和社会要求)的产品。因此,各类质量监督主体在质量监督策划时都应围绕这一根本的目的来进行。

二、质量监督策划的内容

质量监督策划是监督者对自身工作的策划,因此,质量监督活动的每一个具体方面,都应属于策划的内容。

质量监督策划的内容可以分为以下几方面。

(1)质量监督组织机构的设置,人员的配备。

(2)质量监督人员分工,职责的明确。

(3)确定质量监督工作依据的方针。

(4)确定质量监督所要达到的目的。

(5)具体的质量监督内容的确定。

(6)具体的质量监督方法的确定。

(7)工作步骤安排。

(8)质量监督活动的经费保障。

对于不同的质量监督策划项目,其策划的内容所包含的方面是不同的。可能只有一个方面,也可能包含多个方面,这要根据具体情况和需要来确定。

质量监督活动从表现形态上,可以分为两种:一种是自发的质量监督活动;另一种是自觉的质量监督活动。

自发的质量监督无特定的组织机构,只注重结果,不干涉产品质量的形成过程。在此不进行阐述。

自觉的质量监督活动相对比较复杂,它由有组织的质量监督机构依据合同以及各类的质量法规和标准来开展工作。自觉的质量监督的功能不仅要监督企业解决不符合质量要求的问题,而且要预防不符合质量问题的发生。这就要求质量监督活动,不仅要关注产品质量形成的结果,而且要干预质量形成的过程。

三、质量监督策划的时机

策划关注的性质决定了质量监督策划工作只能在具体的质量监督活动开展之前进行。

一般比较大的质量监督策划工作,在以下几类情况下进行。

(1)产品的质量不符合用户要求,或社会要求,并在一定程度上对用户和社会的利益直接造成损害时。

(2)产品的质量不稳定或不确定,且质量监督者(国家质量监督机构等)认为有必要弄清时。

(3)新的质量监督机构开始组建时。

(4)增加新的质量监督客体时。

(5)增加新的质量监督产品时。

(6)开展新的质量监督内容时。

(7)采取新的质量监督方法时。

(8)新一轮监督周期(一般为年、季、批、质量体系认证周期等)开始时。

第二节　总体性质量监督策划

一、概念

总体性质量监督策划是指针对某项具体的质量监督活动,质量监督者制订出一套行动方案,以指导自身各个方面的质量监督工作。

总体性质量监督策划的特征是其策划的范围包括了某一事件或者说某一

具体质量监督活动从开始到结束的全过程,其策划的结果是如何完成一事件或者达到某一具体质量活动所确立的目标。

二、适用范围及策划内容

总体性质量监督策划适用于下述几种情况。

(1)某种或某个产品的质量不符合用户或社会要求,并在一定程度上对用户和社会的利益直接造成损失时。此类质量监督活动一般只需按照有关法规的规定内容和程序去做,具体体现在以下几方面。

1)明确所要达到的目的。

2)明确采取何种手段和方法。

3)明确工作步骤安排。

(2)产品的质量不稳定或不确定,且质量监督者(国家质量监督机构等)认为有必要弄清时。这种情况下,质量监督策划一般包括如下方面的内容。

1)质量监督结果的设置、人员的配备;此时的机构大多为针对某一目标而组织的临时性机构,其人员由已有的监督机构指派或人们自愿组成,当目标达到或任务完成时,此临时机构的功能自动解除。

2)质量监督人员的分工、职责的明确。

3)质量监督工作依据的方针。

4)所要达到的目标。

5)确定具体质量监督的内容。

6)确定具体质量监督的方法。

7)工作步骤。

(3)新的质量监督机构开始组建时。这种情况下,质量监督策划一般包括以下方面的内容。

1)质量监督结果的设置、人员的配备。

2)质量监督人员的分工、职责的明确。

3)质量监督工作依据的方针。

4)所要达到的目标。

5)工作步骤。

(4)增加新的质量监督客体时。这种情况下,质量监督策划一般是指在已有的质量监督组织机构主体的基础上开展的策划。它一般包括以下几方面的内容。

1）质量监督结果的设置、人员的配备。

2）质量监督人员的分工、职责的明确。

3）所要达到的目标。

4）确定具体的质量监督内容。

5）确定具体的质量监督方法。

6）工作步骤。

（5）增加新的质量监督产品时。这种情况下,质量监督策划一般是指在已有的质量监督组织机构主体和客体的基础上开展的策划。它一般包括以下几方面的内容。

1）质量监督人员的分工、职责的明确。

2）质量监督工作所要达到的目标。

3）确定具体的质量监督内容。

4）确定具体的质量监督方法。

5）工作步骤。

（6）开展新的质量监督内容时。这种情况下,质量监督策划一般是指在已有的质量监督组织机构主体、客体及产品的基础上开展的策划。它一般包括以下几方面的内容。

1）明确工作目标。

2）确定具体的质量监督内容。

3）确定具体的质量监督方法。

4）工作步骤。

（7）采取新的质量监督方法时。这种情况下,质量监督策划一般是指在已有的质量监督组织机构主体、客体及产品的基础上开展的策划。它一般包括以下几方面的内容。

1）明确工作目标。

2）确定具体的质量监督内容。

3）确定具体的质量监督方法。

4）工作步骤。

综上所述,可以用图表的形式列出质量监督策划工作在不同的时机或情况下,所应策划的内容,见表 5 – 1。

表 5-1　质量监督策划的时机与内容对应表

策划的基本内容 策划的不同时机	机构设置	人员分工	工作方针	工作目标	工作内容	工作方法	工作步骤	经费来源
产品在使用中出现质量问题或危害发生时			0	*	0	*	*	#
产品在使用过程中出现质量不稳定时	*	*	*	*	*	*	*	*
组建新的组织机构时	*	*	*	*	#	#	*	*
增加新的质量监督客体时	*	*	0	*	*	*	*	0
增加新的质量监督产品时	0	*	0	*	*	*	*	0
开展新的质量监督内容时	0	*	0	*	0	*	*	0
采取新的质量监督方法时	0	*	0	*	*	0	*	0
阶段性质量监督策划	0	#	0	*	*	*	*	0

注:0——已确定或非常明显;#——简单策划即可;*——需要策划。

三、策划的实施

不同情况下的策划,由于策划内容的不同,必然导致策划实施过程的不同。现在介绍几种典型的策划实施过程。

1.增加新的质量监督客体时,质量监督策划的实施

当增加新的质量监督客体时,其策划工作应注重两方面的策划内容。即:确定具体的质量监督内容和具体质量监督方法,其实施过程可按下列阶段实施。

(1)确立总目标。

(2)目标分解。

(3)分析影响因素。

(4)分析具体的质量监督内容和应采取的质量监督方法。

(5)确定完成的工作量、工作条件、工作重点。

（6）确定新增加质量客体开展监督活动的行动方案。监督活动的行动方案的内容应包括以下几方面。

1）配备人员。

2）明确人员分工、岗位职责。

3）确定具体的工作方针和工作目标。

4）确定具体的质量监督内容。

5）确定具体的质量监督方法。

6）做好具体工作的计划。

2.增加新的质量监督产品时,质量监督的实施

增加新的质量监督产品,一般指在已有的质量监督主体和客体的环境下,增加新的产品,其监督策划的实施程序如下。

（1）确定针对新产品开展质量监督工作的总目标。

（2）总目标的分解。

（3）分析影响因素。

主要分析以下三方面的因素。

1）新产品的状态。

2）保证新产品质量对监督的客体条件。

3）保证新产品质量对监督的主体的要求。

（4）分析具体的质量监督内容和方法。

（5）确定完成目标所需的工作量、工作条件、工作重点。

（6）确定针对新产品开展质量监督工作的行动方案。

3.增加新的质量监督内容时,质量监督策划的实施

新的质量监督内容,是在质量监督主体、客体、产品、环境都不变的情况下,新增加的质量监督内容。在此情况下,质量监督策划的实施可按以下几个阶段进行。

（1）对新的质量监督内容进行分析。着重分析其范围、质量监督工作的目的及其复杂性。

（2）明确针对新内容开展质量监督工作的目标。

（3）分析确定完成目标应采取的质量监督策划的工作计划。

（4）确定工作方案。

4.增加新的质量监督方法时,质量监督策划的实施

新的质量监督内容,是在质量监督主体、客体、产品、环境都不变的情况

下,新采取的,以前未使用过的质量监督手段。这种情况下,质量监督策划的实施可按如下几个阶段进行。

（1）明确新工作方法的目标。

（2）分析新方法的工作范围、工作量。

（3）确定工作方案。

第三节　阶段性质量监督筹划

一、概念

阶段性质量监督筹划是指在质量监督活动中,通过对前一阶段工作的分析、总结,制定下一阶段质量监督工作的方案,以实现确定的目标。

阶段性质量监督策划的特征是其策划的范围针对某一时间区间内质量的监督工作;其策划的目的,就是在对以前的工作进行分析总结的基础上,对前一阶段工作进行反思,纠偏,指导下一阶段的质量监督工作;其策划的结果是确定下一阶段的质量监督工作的目标,并为实现这一目标制定具体的实施方案。

阶段性质量监督策划一般在新一轮质量监督周期开始前进行。周期一般是指固定的实践概念,也可以是产品批、产品周期、质量体系认证周期等。

二、阶段性质量监督策划的实施

根据阶段性质量监督策划的特征,可按分析前一段工作状态、预测下一阶段主客体环境、明确下一阶段具体工作目标、确定工作内容工作方法、确定下一阶段工作方案的顺序进行(见图5-1)。

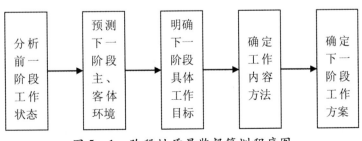

图5-1　阶段性质量监督策划程序图

1.分析、总结前一阶段质量监督工作状态。

分析总结的内容应包括以下六项。

（1）前一阶段工作目标确定的合理性及其完成情况。

（2）前一阶段工作内容确定的合理性，是否必要，是否完善。

（3）前一阶段工作方法的合理性，是不是达到了工作目标的最佳方法？

（4）前一阶段质量监督客体状态的变化情况。如：质量管理状态，产品质量状态，环境状态等。

（5）前一阶段质量监督主体状态的变化情况。如：人员变化，工作内容增减等。

（6）前一阶段质量监督工作成功的方面及存在的问题。

2.分析预测下一阶段质量监督工作的主、客观环境

分析预测的内容应包括以下两项。

（1）下一阶段质量监督客体的状态。如：管理状态、产品状态等。

（2）下一阶段质量监督主体的状态。如：人员变化，要求变化等。

3.明确下一阶段的具体工作目标

4.目前下一阶段的具体质量监督工作内容和工作方法

5.确定下一阶段质量监督工作方案

方案的确定内容应包括以下五项。

（1）确定工作目标。

（2）确定岗位分工。

（3）确定监督工作内容。

（4）确定监督工作方法。

（5）确定工作步骤安排。

第六章

对质量体系的监督

建立质量体系并使其有效运行是质量管理深入发展的产物,是为了保证产品质量,企业必须建立一个有效运行的质量体系。

第一节　质量体系概述

一、质量体系的概念

质量体系是为实施质量管理所需的组织结构、职责、程序、过程和资源。

建立健全质量体系的目的是保证产品或服务的质量,满足明确和隐含需要。

质量体系就是要通过一定的制度、规定、方法、程序和组织机构把质量保证活动加以系统化、标准化和制度化,从组织上、制度上保证生产单位能够持续稳定地生产出性能优良、安全可靠、用户满意的产品。

质量体系的定义包括了以下5个要素:组织结构、职责、程序、过程和资源。

(1)组织结构。组织结构是指"组织为行使起职能而按某种格局安排的职责、权限以及相互关系"。组织结构既是质量管理体系要素的组成部分,又是体系中各要素之间相互作用、相互联系的组织手段。

1)设置与本单位质量管理体系相适应的组织机构并规定其职责;

2)明确各机构的隶属关系以及各机构之间的横向联系;

3)对接口和联系方法作出规定,形成企业各级质量管理网络。

(2)职责。质量职责应包含以下三层含义。

1)机构、岗位或个人在质量活动中应承担的任务;

2)为完成所承担的任务,应赋予的权限;

3)造成质量过失时应承担的责任。

(3)程序。指"为完成某项活动所规定的方法"。程序应规定某项活动的目标和范围,应该做什么,由谁来做,什么时间做,在什么地点做,如何做,以及采用什么材料、设备,依据什么文件,如何进行控制和记录等。程序应形成文件。

(4)过程。过程是指"一组将输入转化为输出的相互关联或相互作用的活动"。每一个过程都有输入和输出,输入是过程的目标,输出是过程的结果,包括有形的或无形的产品。过程本身应是增加价值的转换。

(5)资源。一个组织的领导应保证质量体系运行所必需的资源,这些资源包括人才资源和高水平的专业技能,生产所必须的设备,品种齐全的检验和试验设备,状态完好的生产设备,仪器仪表和计算机软件,工作环境,信息,财务,自然资源等。

二、质量体系的分类

质量体系根据其使用的情况可分为质量管理体系和质量保证体系。

1. 质量管理体系

质量管理体系是指在质量方面指挥和控制组织的管理体系。

在质量管理体系定义中的体系、管理体系和质量管理体系处在三个不同层次上,它们之间互有联系。管理体系是指建立方针和目标并实现这些目标的体系。而体系指的是"相互关联或相互作用的一组要素"。质量管理体系的建立首先应针对管理体系的内容建立相应的方针和目标,然后为实现该方针和目标设计一组相互关联或相互作用的要素。一个组织的管理体系有若干个。例如质量管理体系、财务管理体系或环境管理体系等。

2. 质量保证体系

企业为了保证提供顾客需要的产品,保证使顾客所关注的供方质量体系中的要素处于受控状态,向顾客提供信任而建立的质量体系叫质量保证体系。

3. 两种体系的联系与区别

质量管理体系是为了提高企业内部质量管理水平而建立的,它是质量保证体系的基础和保障。质量保证体系是为了向顾客提供信任,而从已建立的质量管理体系中抽出若干用户关注的要素,组成特定的质量保证模式。因此,一般情况下,只有首先建立了质量管理体系,才能建立质量保证体系,质量保证体系应含于质量管理体系之中。所有组织都会从二者结合的总体利益中获得好处,这两项活动有不同的范围、目的和结果。二者的同时存在为管理执行、验证提供了联合的方法从而取得满意的结果,二者的互补性使所有的质量管理职能有效运行且取得内、外部的信任。质量管理体系和质量保证体系的联系与区别可列表比较,见表6-1。

表6-1　质量管理体系和质量保证体系的联系与区别

质量管理体系	质量保证体系
关注质量结果的获得	对达到质量要求的证明
由组织内部的利益相关者发起,特别是组织质量管理层	由利益相关者发起,特别是组织外部的顾客

续表

质量管理体系	质量保证体系
使所有利益相关者满意为目的	以所有顾客满意为目的
所有工作业绩都出色是预期的结果	确信组织的产品是预期的结果
范围包括影响组织的所有经营结果的全部活动	证实的范围包括直接过程和产品结果的活动

三、质量体系的特点

质量体系具有以下特点。

1. 强调系统性

一个组织体系文件的建立是一项涉及组织内在所有机构、所有人员和产品寿命周期全过程的系统工程。因此,对产品质量产生、形成和实现的全过程,以及各个过程的质量活动应进行系统分析,全面控制,做到系统优化。

2. 体现文件性

建立一个文件化质量体系是指企业建立的质量体系规范化、科学化、标准化和系统化,并能够使全体员工理解、持之以恒地贯彻执行。质量体系应表现为一整套包括企业各项质量活动及其控制要求的质量管理体系文件,包括质量手册、程序文件、作业文件、质量记录和质量计划等。质量体系文件由多层次和多种文件构成。因此,它具有系统性、整体性、法规性和见证性。

3. 突出预防性

每一项质量活动都要制定好计划,规定好程序,使质量活动始终处于受控状态,以求把质量缺陷减少到最低程度,甚至把它们消灭在形成过程之中。

4. 符合经济性

质量体系的建立与运行,既要满足顾客的需求又要解决好企业与顾客双方的风险、费用和利益关系,使质量体系运行效果最优化。

5. 保持适宜性

在建立质量体系时,应充分考虑组织的不同需要、组织的质量方针和目标,应充分反映企业的实际情况,使质量体系保持适宜性。

6. 运行有效性

为了使所建立的质量体系达到预期要求,应使其保持有效运行。质量管理体系运行有效性主要从以下几方面来衡量。

(1)所有要素和过程是否处于受控状态。

(2)顾客对提供的产品和服务满意度是否在不断地提高。

(3)产品质量是否稳定提高。

(4)质量问题报警系统是否有效,反馈是否敏捷。

(5)质量体系自我完善、自我约束机制是否健全。

四、建立质量体系的作用

质量管理体系是在质量方面指挥和控制组织的管理体系。建立以标准为基础的质量管理体系,对企业有着重要的作用。

1. 有利于提高质量管理水平

在建立质量体系时,要对企业的质量管理状况进行全面审查,理顺业务流程。通过制定质量手册、程序文件、质量计划和质量记录等一整套质量体系文件,使企业各项质量管理活动有序地开展,使全体员工有章可循,有法可依,减少质量管理的盲目性。此外,在质量管理体系运行过程中,要定期进行质量审核和管理评审,及时发现存在的问题,有利于促进管理水平的不断提高。

2. 有利于提高产品的市场竞争力

产品的市场竞争能力在很大程度上取决于产品质量,而产品质量的提高不仅仅取决于企业的技术水平,更主要的是取决于企业的质量管理水平。建立质量管理体系的目的也主要在于提高企业的质量管理水平和质量保证能力。顾客在选购产品时,不仅关心产品本身的质量水平,更关心生产企业的质量保证能力。因此,质量管理体系的建立、健全和正常运转,可以大大提高产品的市场竞争力。

3. 有利于消费者和社会

健全质量管理体系为生产高质量的产品提供了保证,使得消费者可以放心使用,也可以减少质量缺陷带来的各种损失。当整个社会的产品都达到较高的质量水平时,质量问题给企业和社会带来的损失和灾难也可以大大减少,不仅产生巨大的经济效益,还有利于提高自然资源利用率,促进社会和谐。

4. 有利于与国际规范接轨

在建立和运行质量管理体系时,主要依据 GB/T 9000 族系列标准,因为 GB/T 9000 族系列标准是我国等同采用 ISO 9000 族系列标准,该标准已在世界范围内被普遍认同和采用,随着"多边承认协议"活动,按该标准建立质量管理体系,对企业产品走向国际市场具有很大的战略意义。

第二节　质量体系的监督

对质量体系的监督是为了保证其文件化的体系文件符合相关规定（包括国标、部标、行业规定）的要求，同时适应本企业自身的特点，并具有很强的操作性。其监督的重点是质量体系文件建立的完整性和运行的有效性。

一、对质量体系完整性的监督

质量体系的完整性是衡量一个企业质量保证水平的重要指标。GB/T 6583—1994《质量管理和质量保证　术语》将质量体系定义为实施质量管理的组织结构、程序、过程和资源，指明了对质量体系进行监督的基本内容。

1. 质量保证组织

质量保证组织体系的架构，只有设置合理才能保证各项职责在组织上落实，质量保证组织对产品质量及其有关的工作质量应有控制目标、实施计划、考评办法和纠正偏差的规定。

2. 质量保证资源

资源是质量体系正常运转的基本条件，主要包括人才资源和专业技能，研制、制造、检验和试验的仪器设备及计算机软件。也就是说，质量体系建立和健全的基础在于人和物。因此，加强对质量体系资源条件监督，是制造监督检验中对体系监督的重要内容。

二、对质量体系运行有效性的监督

要对质量体系运行进行有效的监督，必须了解质量体系运行状态的基本特征。质量体系运转状态评价的五个动态特征如下。

（1）适应性。指质保体系中的组织，制度，人员是否能够保证企业生产正常、质量稳定、供货及时、价格合理的能力。

（2）灵敏性。指质量信息传递（反馈）和处理的效率。

（3）系统性。指质量体系中各系统之间协调的状况。

（4）自控性。指质量体系通过自行控制、自行调节，从而使生产过程质量稳定的能力。

（5）稳定性。指对影响产品质量的主要因素被控制，从而保证产品质量稳定发展的能力。

对质量体系运行有效性的监督，主要包括以下内容。

（1）能独立、有效地行使职权。

（2）对产品质量及其有关的工作质量、过程质量、服务质量实施有效的监督，做好详细的监督记录。

（3）定期检查、评价《质量手册》《程序文件》《作业指导书》等体系文件所要求内容的执行情况，做好详细的评价记录。

（4）各项职责落实。

（5）在实践中验证质量体系的有效性，并不断完善质量体系。

对质量体系运行有效性的监督，旨在防止批量不合格和（或）重复不合格的出现。

第三节　对质量体系文件的监督

质量体系必须文件化。质量体系文件是为了保证产品质量所制定的规定、管理标准及其记录的总称。制定质量体系文件就是质量立法。对质量体系文件的监督，主要是对质量体系文件进行审查并与实际情况进行对照，以确信生产单位的质量体系是健全的，各种质量保证措施有力，能够确实保证产品质量。审查的质量体系文件主要包括《质量手册》《质量大纲》《程序文件》《作业指导书》和质量记录。

一、对《质量手册》的监督

质量手册是阐述生产单位为达到产品质量要求所必需的全部职能和活动的管理文件汇编。质量手册所列的文件，是生产单位质量管理工作中必须执行的法规，是企业全体人员为保证产品质量必须共同遵守的准则。

质量手册与一般的技术手册、业务手册有原则上的区别。它不是仅供选用的工具书或参考书，而是必须执行的指令性文件。但是，它不是现有规章及其文件的简单汇编，它具有现行规章制度所没有的性质和特点。它必须具备以下基本性质。

1. 指令性

指令性是指质量手册所列文件是必须执行的法规，必须严格贯彻执行。这一性质决定了以下两点要求。

（1）质量手册所列文件必须是与产品质量有关。

（2）整本质量的颁发，应经生产单位的最高管理者批准；质量手册所列的质量控制文件，应经主管质量的领导批准签发。有关质量组织机构、质量方针等重要的质量控制文件,应由最高管理者批准发布,以体现"文件"的权威性。

2. 系统性

系统性是指质量手册应包括全部质量体系要素。既包括对形成和影响产品的全过程实行有效控制的内容,又包括与产品质量直接有关的各职能部门和各级人员的质量职责及工作程序,以构成完整的质量保证体系。

3. 可检查性

可检查性是指质量手册中的各项规定要有明确的要求,便于监督检查和考核。即各项规定不仅具有明确的定性、定量要求,而且要有职责分工以及完成日期要求,也就是执行的情况是可以检查和考核的。如有关质量控制的规定至少包括适用范围、目标要求、工作程序、控制方法及责任者等内容,使之执行有依据,检查有标准。

质量手册应包括全部体系要素,主要有以下内容。

(1)质量保证文件和标准。主要是质量方针、政策和目标,质量手册的编制和管理,产品质量保证大纲的编制,质量工作计划的管理,标准的贯彻。

(2)质量保证组织及其职责。主要有质量系统各职能机构(包括组织机构图);各部门、各级人员质量责任制;质量监督和质量审核。

(3)研制过程的质量控制;预先研究课题的质量控制;产品研发质量控制;产品功能特性分类;设计评审;可靠性和维修性管理;试制过程的质量控制;试验工作的质量控制;设计、生产鉴定阶段的质量控制;研发过程中的原始记录及归档管理。

(4)生产过程的质量控制。主要有图样及技术文件管理的质量控制、批次管理和生产的控制、生产条件的控制、关键工序的质量控制、特种工艺的质量控制、无损检测控制、检验和质量记录、人员培训和资格认证。

(5)计量和测试的控制。主要有计量管理、测试质量管理。

(6)不合格品管理。主要有不合格品处理办法和纠正措施。

(7)外购器材的质量控制。主要有器材采购、验收、保管、发放的质量控制;外协件的质量控制;对分包方质量保证能力的考查。

(8)交付使用和技术服务。主要有产品交付、包装、储存和运输的质量控制;技术服务。

(9)质量信息管理。

(10)群众性质量管理活动。主要是质量培训教育,质量管理小组活动。

对质量手册审查的时机主要有以下几方面。

(1)生产单位首次制定手册时。

（2）产品类别发生较大变化，原有内容不能满足要求时。

（3）进行质量体系检查时。

（4）质量体系文件更改、修订、换版时。

（5）产品发生重大质量问题时。

（6）产品鉴定或转厂生产时。

（7）按一定周期进行审查时。

对质量手册审核的内容包括以下几方面。

（1）手册是否体现了标准、规范的基本要求。

（2）手册是否有质量性、可检查性。

（3）手册内容是否涵盖 TSG Z0004《特种设备制造安装改造维修质量管理体系基本要素》的要求。

（4）定期评价手册的执行情况和手册的适用性，看其是否在实际中得到了有效地贯彻，以证实手册的有效性。

（5）检查有关部门和人员是否能够熟练运用手册。

（6）对手册的管理工作进行监督，保证手册的编制、审核、会签、批准、发布和更改按规定进行。

在对质量手册的监督中，特别要注意审查那些主要的制度和程序。如质量责任制，质量控制，关键工序和特种工艺的质量控制，不合格品的管理，原材料的代用以及图样和技术文件管理等。

二、对质量记录的监督

质量记录与有关结果是质量保证体系的重要组成部分。质量保证体系中应保存足够的记录，用于证明产品达到了所有的质量要求以及质量体系在有效运行。

在产品的生产过程中，应不定期的检查企业的各种相关记录。如检验报告、实验数据、审核报告、原材料代用报告及质量报告等。主要对记录的准确性、完整性和系统性认真审查，发现问题及时纠偏。

质量记录的格式必须是质量体系文件中规定的格式。对体系文件中记录的规定质量格式，日常的使用中不能随意地更改。对于国家标准或国家其他形式强制规定的质量记录格式，应将这些记录的格式转化为企业自己的格式，并在体系文件中有所体现。不能因为标准、规定有就可以直接采用，而没有转化为企业本身的质量记录格式。

第七章

设计阶段
的质量监督

全寿命管理的观点为"产品质量是设计出来的,生产保证的,检验和使用阶段体现的"。因此,加强设计阶段的质量监督工作对保证产品质量,提高其使用的可靠性、安全性具有十分重要的意义。

第一节　设计阶段质量监督概述

对设计阶段实施质量监督,应着重监督下述几方面工作。

一、质量计划与研制程序

设计阶段的质量计划是对《质量手册》《程序文件》等常规性、通用性文件的补充,属于非常规的专用文件。

研制程序一般包括方案阶段、工程研制阶段(样机试制)、型式试验等环节。

特种设备因其特殊性,其结构形式和控制各异。因此,特种设备的研制和生产基本属于单件的设计和生产,无批量可言。因而,其质量监督和检验验证工作就显得十分的重要和必要。

二、试验

设计阶段的各项试验是为了解决技术难点,验证设计的正确性所进行的一系列试验,充分的试验能对设计质量和进度起到促进作用。

设计阶段的试验有攻关试验和型式试验。

质量监督者在试验过程中,严格按照规定的要求进行试验。试验结束后,质量监督者应积极督促施工单位解决试验中出现的问题,并对其有效性加以验证。

三、设计阶段的型式试验工作

设计阶段的型式试验工作是指验证设计是否符合规定要求以及产品能否进入市场的整个管理过程所有工作的综合。

新产品的型式试验工作和程序要求有以下几点。

(1)型式试验申请。

(2)型式试验的受理。

(3)型式试验;含试验大纲的评审与审批。

(4)型式试验评审。

(5)产品设计文件的归档。

（6）审批。

为了验证工艺文件的正确性和可行性，必须按照设计图纸和技术文件的要求，履行型式试验程序，以确定生产工艺和生产设备能否生产出符合图纸要求的产品。

第二节　设计阶段质量监督内容

对设计阶段实施质量监督是为了保证设计质量。这个过程中监督的重点内容有图样和技术文件的一致性（也称图文一致性）、图样和技术文件与型式试验样机的一致性（也称图实一致性）、型式试验的充分性及试验结果的满足程度等。

一、图样和技术文件的一致性

为确保设计图样和技术文件的一致性，其工作内容主要包括以下两方面。

1. 原材料（元器件）代用的监督

一般情况下，型式试验样机尽量避免进行原材料（元器件）的代用。若确需代用，绝不允许"以高代低"。"以高代低"即用性能高的原材料（元器件）代用性能低的原材料（元器件）。

2. 图实一致性监督

图实一致性就是试验样机的实物与设计的图样和技术文件相一致。

这方面的工作，一般由制造监督检验机构进行，并出具书面的报告。对于没有设立制造监督检验的产品，型式试验机构应对其一致性进行核对。

二、试验大纲及试验结果的监督

型式试验大纲是型式试验工作的依据，试验大纲的内容应覆盖国家发布的安全技术规范、标准以及产品固有特性的内容和要求。

对试验结果的监督，一方面是要通过型式试验报告查看试验的完整性，即与已批准的试验大纲内容是否一致；另一方面要根据型式试验的报告结果分析产品性能是否满足规定的要求及满足要求的程度。

这方面的工作，可以由国家相关部门组织有关的专家通过型式试验工作会议的形式进行。

对产品设计阶段的监督工作主要由监督检验机构、型式试验机构、有关专家、行政监督部门等共同完成。

（1）监督检验机构主要工作是型式试验样机的技术状态，型式试验样机的图实一致性，型式试验的检验情况报告，能否通过型式试验的意见和建议等。

（2）型式试验机构主要工作是编制试验大纲，按照批准的大纲完成试验工作，并对试验结果下结论，做出能否通过的意见和建议。

（3）有关专家主要工作是根据政府相关部门的组织与分工履行自己的职责，做出产品是否可以入市的意见和建议。

（4）行政监督部门的工作有召集试验大纲的讨论及修改意见，批准试验大纲，召集设计阶段的型式试验审查会议，根据各方的意见和建议决定是否批准入市，办理入市许可。

设计单位根据批复，将图样和技术文件按照规定的要求交了档案管理部门及相关单位保存。

第八章

制造过程质量监督

制造过程也称生产过程,是指从原材料(包括外购件、外协件)入厂、投料加工、产品装配调试、检验直至包装出厂的过程。制造过程的质量监督是检验机构的日常工作之一。检验机构对制造过程实施监督检验,就是要通过督促生产单位建立、健全质量体系并持续有效地运转,加强对操作者、设备、材料、工艺方法、生产环境的监督检查,同时严格验收产品,以达到能够制造出性能稳定并且一致产品的目的。

制造过程就是将图样和技术文件的意图转化为产品实体的过程。在这个转化的过程中,产品的质量、可靠性、维修性是紧密相联地共同实现的。因此,制造过程中保证产品质量、可靠性、维修性的各项工作也是紧密结合在一起的。

制造过程是产品质量形成的重要阶段,他与质量环中的其余环节密切相关。产品质量的好坏是企业管理工作的成效在生产过程中的综合反映。

下面对计量测试、外购器材、工序质量以及不合格品管理的监督等内容着重阐述。

第一节　制造过程质量监督概述

制造过程质量监督是指从原材料入厂到最终产品出厂的整个生产过程的质量监督。主要内容包括工序控制、技术状态管理、不合格品管理、检验测量和试验设备的控制、采购和检验等方面的质量监督。

一、工序控制

制造单位应对整个生产过程的质量控制作出系统安排,对直接影响产品质量的生产工序进行有计划地重点控制,设置必要的检验点,确保这些工序处于受控状态。

在质量监督中着重检查以下内容。

(1)制造单位是否有计划地安排生产过程,以保证直接影响产品质量的各个工序处于受控状态。

(2)工艺文件、质量控制文件的正确性,现行有效性和执行过程中的符合性是否得到控制。

(3)人员、材料、设备、工装、计量器具、环境是否控制。

(4)特种工艺、关键工序是否明确了重点控制内容,是否实行连续监控;是否有作业指导书;其操作人员是否持证上岗等。

二、技术状态管理

技术状态是指产品所达到规定的功能特性和物理特性。为了实现确定的技术状态,首先需要以技术文件予以规定,其次控制技术状态更改、记录和报告更改的处理过程和执行情况,以达到"文文一致,文实相符",这就是技术状态管理。

对技术状态的管理实施监督重点有以下内容。

(1)企业是否制定完善的技术状态管理制度。

(2)成套技术资料管理有效性,图实一致,图文一致,现行有效性。

(3)对工程技术更改是否经过论证并履行审批程序。

(4)对工程更改后的效果是否进行验证。

(5)对超差代用和材料代用申请进行的审查,验证其处理的正确性。

(6)技术状态记实工作是否落实,执行程序是否严密等。

三、不合格品的管理

制造过程中不可避免地会产生某些不合格品,必须及时发现并防止不合格品继续加工、安装和出厂。

对不合格品实施监督主要有以下内容。

(1)不合格品管理制度是否健全。

(2)不合格品控制系统能否保证不符合图纸要求的产品在处理前不被流转、使用或安装。

(3)控制不合格品的标识、记录、隔离和处置的有效性。

(4)不合格品及其评审活动的记录是否包括对缺陷的详细描述、处理和纠正措施。

(5)不合格品评审人员资格是否经最高管理者授权。

(6)防止重复发生的措施是否有效,有无重复发生现象。

(7)纠正措施的实施效果是否得到验证。

四、检验、测量和试验设备的控制

对产品生产安装过程中所使用的检验、测量和试验设备,企业必须进行必要的控制、校验和维修,以保证检测、试验结果的正确性。

对检验、检测和试验设备进行监督有以下重点。

(1)计量管理系统中是否包括所有用于检验、试验设备和计量器具。

(2)校准程序及其执行的有效性。

(3)现有设备是否满足产品检验、试验所要求的功能。

(4)计量管理系统能否预防、发现和纠正其失准。

(5)标准计量器具是否管理有效。

(6)现场使用的检验、测量和试验设备的状态标识及周期检验率、周检验合格率等。

五、采购

外购、外协器材的质量直接影响产品的质量,企业必须加强对采购活动的控制。其质量控制重点有以下内容。

(1)企业是否具备外购器材供应单位质量保证能力的评价制度,且能否有效地运行。

(2)是否具备合格器材供应单位名单,并作为采购依据。

(3)采购文件是否明确有效。

(4)所有直接用于产品的外购器材是否建有入厂复验制度,且执行有效;供应单位的质量证明文件是否齐全。

(5)入厂复验记录是否完整有效,不合格器材处置是否规范。

六、检验、试验

检验、试验是贯穿生产过程中的一项十分重要的工作。按其产品形成过程,可分为入厂检验和试验、工序检验和试验及最终检验和试验等。

对检验、试验监督检查重点有以下内容。

(1)入厂检验的程序是否符合规定的要求,是否执行有效。

(2)可接受的、拒收的和待验的器材是否都有标识,并隔离放置。

(3)企业制定的检验点和控制方法(如:工序控制、抽样控制、最终检验等)是否足以证实符合规定的质量要求。

(4)是否具备最终检验和试验的控制程序及规定的试验条件。

(5)检验和试验记录是否完善、准确、清晰、协调;是否具备可追溯性。

(6)检验试验人员资格管理是否符合要求。

第二节 外购器材的质量监督

外购器材是指非生产单位制造的器材,包括外购的原材料(金属、非金属、化工材料和油料)、毛坯、元器件、成件、附件、设备以及外单位协作的零部(组)件等。

检验机构对外购器材的质量监督,主要包括下述内容。

一、督促生产单位做好对供应单位的质量控制工作

(1)建立并贯彻执行对供应单位的质量体系进行评价、确认及质量监督制度。

(2)订货时,按不同类别向供应商提出相应的质量保证要求,并明确列入合同条款。

(3)对供应商质量监督,掌握外购器材的质量动态。

(4)对关键、特殊的外购器材,可向供应单位派驻人员进行验收,并有效地履行职责。当发现供货不合格时,应督促供方对未通过的产品采取纠正措施的要求,并从根本上消除其产生的原因。

二、对外购器材进行监督

生产单位应制订和执行选用器材质量控制程序和质量责任制度,对重点环节进行严格控制。监督检验人员要对程序的有效性进行验证,证明这种程序能得到有效贯彻。其标志为外购新器材在订货签约时详细列出了技术要求,质量标准,并明确了双方的责任;选用新研制的器材时经过了充分论证、复验、试加工、匹配试验、装机使用,并得出产品合格的结论及严格履行了审批手续。

三、督促生产单位认真做好外购器材的进厂复验工作

(1)建立和执行外购器材进厂复验制度。

(2)未经进厂复验的器材,不得投产使用。

(3)复验时应具备下列文件:供应单位的试验报告和合格证明文件;复验规范(包括复验项目、技术要求、检验试验方法、验收标准);器材质量历史记录。

（4）检验方法与验收标准满足产品技术要求，并与分供方保持一致。

（5）对复验合格、待验或复验不合格的器材，必须采取有效的方法加以区别，待验器材应单独设置保管区域，防止误用。复验不合格的器材应及时隔离，标上醒目的标记。复验合格的器材，必须始终保持合格标记，直到生产时不得除去。

对于关键、重要的器材，尤其是新器材，应列入监督检验项目中。通过监督检查，验证生产单位外购器材进厂复验制度及有关程序的有效性。

四、督促生产单位制定能够满足质量要求的外购器材管理制度

（1）经验收合格的器材，按照制度办理入库手续，未经检验或检验不合格的器材，不得入库。

（2）存放器材的库房、场地，环境条件必须满足器材的安全可靠、不变质和其它要求。

（3）对需要油封等保护处理的器材，应按规定进行保护处理，并定期检查。

（4）易老化和有保质期的器材，应按规定期限及时从仓库剔除、隔离、报废、待处理。

（5）器材发放应有完备的手续，本着先进先出的原则，按批（炉）号发放，严防发生混料使用。

（6）器材出库须经检验人员现场核准，并带有合格标记或证件。

建立严格的管理制度，对器材入库、保管、发放的每个环节进行有效控制，是保证投入使用的器材满足技术文件和产品的重要手段。监督检验人员在监督过程中应着重审核生产单位制定的外购器材管理制度是否满足器材的质量要求，督促生产单位将器材保管的有效性纳入质量管理内容，并定期评价器材保管制度的执行情况。

五、原材料、元器件的代用

在生产过程中，由于各种原因，为了保证生产的顺利进行，不可避免地会出现原材料、元器件需要代用的情况。监督检验人员在工作中应该坚持的代用原则如下。

（1）化学成分、性能相同，规格不同的代用，在不影响外形、外观、装配和使用要求的前提下。

（2）化学成分、性能相同，以高代低的原材料、元器件，对某些项目进行必

要的试验,在确认不影响整机质量的前提下。

(3)化学成分不同,性能相同,以低代高的原材料、元器件,必须经过充分试验和计算,得出可靠的数据和结论,在确保不降低产品性能的前提下。

凡影响产品外形、外观、装配、作用和性能的原材料及元器件,一律不得代用。

生产单位的材料代用,必须填写代用申请单,并经技术总负责人签字后使用。按规定履行审批手续后方可投产。

以上只是原材料、元器件代用的一般原则。不是说在这种原则下就可用随意的代用,也不是在这种原则下代用不需要相应的试验,要根据不同的情况进行具体的分析。如,在钢材代用时,除了要求考虑其钢材的本身性能外,还要考虑其工艺性能以及工艺的变化给产品质量带来的影响。在元器件代用时,特别是在集成电路芯片的代用时,还要考虑其由于时序不同带来的影响,等等。

总之,在原材料、元器件的代用时一定要慎重,防止因代用出现影响产品质量的问题。

第三节　计量和测试的监督

计量就是利用技术和法制手段保证量值统一、准确一致的测量。测量是使之确定被测对象的量值而进行的实验过程。测试是使之具有试验性质的测量,而且可理解为实验和测量的全过程。计量工作是保证量值测量统一、准确的全部活动的总称。它包括企业生产中的测试、化学分析等工作。

计量测试是产品质量保证的基础。因此,计量测试工作是保证计量的量值准确统一,确保技术标准的贯彻执行,保证零部件的互换性能和评价产品质量是否符合的基本手段和方法。

计量测试管理主要有以下内容。

(1)生产单位必须明确产品是全过程所需要的测量。包括验证产品符合性规定要求的全部测量、检验、试验和验证活动,确定这些活动中涉及的测量和监督装置,将他们全部纳入监督范围。

(2)最高计量标准器具必须满足量值传递及需要;使用和保管符合要求,严格执行强制检定。

(3)计量器具和测试设备应根据规定的检测试验项目和准确度的要求,合理选用、配备。验证其检测能力。如,量值、准确度、分辨力、稳定性等应满足使用要求。

(4)编制计量网络图和计量周期,按照规定的程序和周期,对计量器具、仪器仪表、设备进行检定。现场使用的计量器具、测试仪表及设备的周期检验率和合格率符合要求。经检定合格的计量器具,要在实物上作出明显的"合格"标记。合格标记的内容至少有检定日期、责任者和有效期。检定不合格以及超过鉴定周期的,应在实物的显著位置上作出"禁用"标记,严禁使用。合格的计量器具在使用中发现异常时,亦应暂时挂上"禁用"标记,有关部门应及时做出处理。

(5)对影响质量的所有测量和试验设备,使用前均应进行校准。使用中的设备应按规定的周期间隔进行再校准。生产与检验共享的工艺装备和调试设备用作监测、试验手段时,在使用前应进行校验,同时按周期验证。

(6)从事计量测试的人员,应按《中华人民共和国计量法》的规定,分级组织培训考核,合格后授予相应的资格证书,持证上岗。

第四节　对技术状态的监督

对技术状态实施监督,是为了确保研发的新产品能顺利生产,保证后续批量生产产品质量一致性的一项重要措施和方法。

一、技术状态管理

技术状态管理是随着产品复杂和重要性的发展而形成的一种工程管理方法,是系统工程管理的一个重要组成部分。技术状态管理贯穿于研发、生产的全过程,其目的在于以最优的性能、最佳的效费比、最短的周期,研发、生产出预期要求的特种设备,并提供成套的图样及技术文件。对技术状态管理进行监督,是质量监督工作的一个重要组成部分。

在技术状态管理工作中,应重点做好以下两项工作。

(1)督促企业建立健全的技术状态管理制度。主要是建立健全技术状态标识、更改控制、记录和制度,并检查其执行的效果。

(2)按职责权限认真审查那些有价值的技术更改,对已通过型式试验图样及技术文件的更改,应按照规定的程序进行,并履行相应的手续。

二、设计阶段技术状态的监督

设计阶段是产品质量的形成过程,这阶段实施技术状态的监督是为了保证研制的样机、设计的图样和技术文件的一致性。也就是保证试验样机的"图—实"一致性。

设计阶段图样和技术文件监督的重点有下述三项。

1. 试验样机与设计图样和技术文件一致性的监督

对试验样机要严格按照设计图样和技术文件进行监督检验。保证提供试验的样机是按照设计图样和技术文件生产的。

2. 设计阶段图样和技术文件更改的监督

在这个过程中,图样和技术文件的更改是不可避免的,必须严格执行研发过程的图样更改控制程序。在图样和技术文件更改时,一方面要保证所有图样和技术文件的一致性;另一方面要保证试验样机的实物与设计图样和技术文件的一致性。特别是在型式试验中出现问题的解决上,对产品的设计有改动时,待验证有效、可行后,应立即落实到图样和技术文件中。

3. 型式试验图样和技术文件的监督管理

型式试验图样和技术文件是保证产品质量一致性的关键。型式试验审查通过后的图样和技术文件,应该完整、统一、清晰。其管理应该符合图样和技术文件的管理要求,防止随意更改现象的发生。

三、制造过程中技术状态的监督

对制造过程中的技术状态管理的目的是保证产品生产过程的规范性,达到产品内在质量稳定、一致的目的。生产过程中的技术状态主要包括已通过型式试验的生产工艺、生产工艺装备、特种工艺作业指导书、生产用图,等等。

制造过程中图样和技术文件监督的重点有下述三项。

1. 生产用图与设计图样的一致性、工艺用图与生产用图的一致性的监督

保证生产用图、工艺用图与型式试验后图样的一致性,是保证生产出的产品符合设计要求的关键。

2. 生产过程中图样和技术文件更改的监督

为了保证生产的顺利进行,一方面是因工艺需要的改动,另一方面是消除设计错误的修改,这样就不可避免地要对设计的图样和技术文件进行必要的改动。

在对生产中图样和技术文件更改时,必须按规定办理更改手续,对影响产品性能的更改还必须通过必要的试验进行验证,当验证符合要求后,方可进行图样和技术文件的更改。在进行图样和技术文件的更改时,要做到图实一致、图文一致。

3. 型式试验图样和技术文件的监督管理

型式试验图样和技术文件是保证生产顺利进行、产品质量一致性、稳定性的关键。通过型式试验审查后的图样和技术文件必须做到图文一致、清晰、完整。其管理应该符合图样和技术文件的管理要求,防止随意更改现象的发生。

第五节　不合格品(项)管理的监督

对不合格品管理的监督,是提升产品质量的关键环节。在对不合格品的控制上必须坚持不合格的原材料(元器件)不投产,不合格的零件不装配,不合格的产品不出厂,也称"三不"原则;在对不合格品进行处理时必须坚持原因不明确不放过,责任不明确不放过,措施不落实不放过的原则,也称"三不放过"原则。

一、对不合格审理组织的监督

监督检验人员应督促生产单位建立不合格品审理组织,并按照要求履行规定的职责。

二、对不合格品管理的监督

对生产单位的不合格品管理进行监督,并使其达到以下要求。

(1)处理不合格品必须坚持"三不放过"原则,找出产生不合格的真正原因,特别是要从管理上、技术上的分析造成不合格的所有因素,制定出切实可行的纠正措施,有效地防止不合格品的重复发生,不可敷衍了事。要验证纠正措施是否正确,检查实施效果。纠正措施无效或不明显,应进一步深入分析原因,重新采取措施,直至不再重复产生不合格品为止。

(2)建立、健全对不合格品地鉴别、隔离、控制、审核等管理制度和分级处理程序。

(3)从事不合格品审理人员,须经生产单位的最高管理者签署批准,并应明确规定设立人员的职责权限。生产单位的不合格品审理组织能够独立行使职权,不受任何人的干扰和支配,也不受正常生产的影响,不承担生产进度的责任。

（4）生产现场出现不合格品（包括工序半成品）时,应对其立即隔离,并按照规定在不合格品上作出标记,并严加控制,防止与合格品混淆而被误用;决定报废的不合格品,应采取破坏性或非破坏性方式明显标记,严格隔离,以防误用。标记图样的大小根据具体产品来定,但必须醒目而不易消失。

（5）不合格品审理组织的任何一个成员都对不合格品的处理具有否决权,只有在一致通过的基础上方能考虑超差利用或降级使用。

第六节　焊接工艺评定

焊接是一种特种工艺,是受人为和外界环境因素影响较多的一个工艺过程,合理的焊接工艺能有效地保证产品的质量。焊接工艺评定是金属结构焊接的一项重要工作,是保证焊接质量的有效措施。通过焊接工艺评定来选择最佳的焊接材料、焊接方法、焊接固有参数、焊前预热和焊后热处理等,以保证焊接接头的力学性能符合设计要求。

焊接工艺评定一般有以下规定。

1. 焊接工艺评定的时机

凡符合以下情况之一者,应在钢结构构件制作及安装施工之前进行焊接工艺评定:

（1）国内首次应用于钢结构工程的钢材（包括钢材牌号与标准相符,但微合金元素的类别不同和供货状态不同,或国外钢号国内生产）。

（2）国内首次应用于钢结构工程的焊接材料。

（3）设计规定的钢材类别、焊接材料、焊接方法、接头形式、焊接位置、焊后热处理制度以及施工单位所采用的焊接工艺参数、预热措施等参数的组合条件为施工企业首次采用。

2. 焊接试件的制作及评定原则

焊接工艺评定应由结构制作、企业根据所承担钢结构的设计节点形式、钢材类型、规格、采用的焊接方法、焊接位置等,制定焊接工艺评定方案,拟定相应的焊接工艺评定指导书,按 JGJ81—2002《建筑钢结构焊接规程》的规定施焊试件、切取试样并由具有国家技术质量监督部门认证资质的检测单位进行检测试验。

3. 焊接工艺参数的制订

焊接工艺评定的施焊参数。包括热输入、预热、后热制度等应根据被焊材料的焊接性制订。

4. 焊接样板的材料、设备

焊接工艺评定所用设备、仪表的性能应与实际工程施工焊接相一致并处于正常工作状态。焊接工艺评定所用的钢材、焊接材料必须与实际工程所用材料一致并符合相应标准要求,具有生产厂出具的质量证明文件。

5. 焊接样板的操作人员

焊接工艺评定试件应由该工程施工企业中承担该任务的焊接人员施焊。

6. 焊接样板施焊方法

焊接工艺评定所用的焊接方法、钢材类别、试件接头形式、施焊位置分类代号应符合 JGJ 81—2002 的规定。

7. 焊接工艺评定资料的管理

焊接工艺评定试验完成后,应由评定单位根据检测结果提出焊接工艺评定报告,连同焊接工艺评定指导书、评定记录、评定试样检验结果一起报工程质量监督验收部门和有关单位审查备案。

第九章

安装过程
的质量监督

　　特种设备的安装过程是指特种设备出厂后到投入使用前的施工过程。特种设备的安装过程属于特种设备生产的延续,是生产过程的一部分。特种设备的安装可以是特种设备的制造厂家进行,也可以是具有特种设备相应安装资质,并经厂家授权的单位进行。本章所述的安装包括特种设备的拆(移)装、改造和修理过程的质量监督。

第一节　安装过程的行政监督程序

　　特种设备安装过程的行政监督程序是指特种设备从安装开始到使用为止的行政监督过程。特种设备的安装过程应履行以下程序。

　　1.施工告知

　　施工告知必须在特种设备施工前进行,施工告知由拟装设备所在地的行政监督管理部门受理。

　　2.施工检验申报

　　特种设备在办理完成安装告知后,设备安装前应到相应的检验机构申报办理安装过程的监督检验申请。在检验机构对拟安装特种设备的资料审核完成,并同意进行安装后,施工单位方可进行特种设备的安装工作。

　　3.施工完成后的登记注册

　　特种设备施工完成后的登记注册是便于特种设备使用过程中的监督管理。施工过程完成是指特种设备安装完成经过安装单位自检合格,并经检验机构检验合格。特种设备的使用单位持特种设备检验机构的检验报告(含监督检验证书)等相关资料,到当地的行政监督管理部门办理注册使用登记手续,检验合格后在特种设备投入使用前或投入使用后30日内办理注册使用登记手续。

第二节　安装过程的监督检验

　　安装过程的监督检验是确保特种设备安装质量的一种有效措施。监督检验包含了质量监督和质量检验。

一、安装过程的质量监督

　　安装过程的质量监督是对特种设备的安装施工过程质量进行的监督,是一种有效的预防措施。其目的在于特种设备的正确选型,保证特种设备固有质量,消除特种设备使用过程中的安全性隐患。

安装过程质量监督的主要内容及目的意义。

(1)设备选型:根据设备拟进行的用途,以及设备的质量证明文件,产品说明书等随机文件判定设备的选用是否符合使用场所的要求。

(2)拟装设备资料:核查产品的文件、质量合格证明文件、安装及使用维护说明书、有关的试验合格证明、制造监督检验证书等是否符合要求。目的是判定拟装设备是否通过相关的试验、厂检合格,并有备案,等等。

(3)安装环境资料:通过核查安装资料或现场测量安装环境尺寸,然后与拟装设备需要的环节尺寸进行比较,判定安装环境是否满足拟装设备的要求。目的是消除拟装设备在施工中出现空间位置不足的问题。

(4)安装单位资质:核查安装单位的资质许可证书、安装告知书、安装人员的资格证书是否符合要求。目的是保证特种设备安装质量。

(5)施工作业文件:核查施工工艺。目的是保证特种设备安装质量的具体措施。

(6)设备性能检验:设备性能检验包括安装过程中的性能检验和整机性能试验。目的是检查特种设备安装质量是否符合设备固有质量,确保安全的最有效措施。这种检验可以是现场监督检验,也可以是通过资料确认进行,或是通过资料和现场实物检验两者结合进行的检验。

(7)质量保证体系运行情况:质量保证体系的有效运行是保证特种设备安装质量和安装质量一致性的关键,是施工单位工作规范性的具体体现。通过核查施工方案的签审批程序的履行;过程记录填写的规范性、正确性、完整性;质量问题处理程序的履行;检验报告的真实性、项目的完整性、内容的正确性、签字人员的资格;一次检验合格率等项目,判定体系的运转是否正常。

(8)一次检验合格率:通过统计一次监督检验合格率,可以反映安装单位质量保证体系的运行情况、人员能力、安装质量水平及安装质量的薄弱环节,是评价安装单位工作的一种科学、有效方法。

二、安装过程监督检验方法

安装过程的质量监督检验方法常规地分为资料核查、现场监督、实物验证(或称现场检验)三种方法。

1.资料核查

资料核查也称资料审查。资料审查分为安装前的资料审查和完工后的资料核查。安装前的资料审查主要包括以下内容。

（1）产品的质量证明文件及型式试验证明文件。其主要目的，一是查看设备的选型是否合适；二是查看验设备是否是国家允许使用的；三是审查设备整机与部件是否匹配；四是型式试验内容是否覆盖所提供产品的相应参数。

（2）现场测量相关数据。

（3）随机文件。如使用与维护说明书，安装图，电气（液压）原理图，接线图等。其主要目的，一是看设备与建筑物的匹配是否合适；二是看所配置的资料是否齐全，是否符合相关标准要求。

（4）安装施工过程记录、检验记录和检验报告的格式，质量体系人员的任命等。其主要目的，一是确认检验项目的齐全性、科学性、合理性；二是看安装过程与其质量体系要求的一致性。

（5）制造许可证明文件。其主要目的是审查所提供的产品是否在制造范围内。

（6）安装许可证和安装告知书。主要查看：①安装许可是否覆盖了拟装的设备；②拟装设备是否与告知书相一致。

（7）施工方案。主要查看审批手续是否齐全，是否符合体系的要求，能否满足质量要求。

（8）施工现场作业人员持有的特种设备作业人员证。其主要目的是确保作业人员符合拟装设备的要求。此项也可在施工过程在对施工人员核对。

安装完成后现场检验前的资料审查主要包括以下内容。

（1）安装施工过程的记录和检验报告。主要是审查：①使用的格式与施工前提供的格式是否一致；②其填写的完整性、科学性、规范性；③签字人员是有施工单位的授权。审查的结果是现场检验的依据之一。

（2）安装质量证明文件。其内容包括：①电梯安装合同编号；②安装单位安装许可证编号；③产品出厂编号；④主要技术参数等内容。并且有安装单位公章或者检验合格章以及竣工日期。

2. 现场监督

现场监督是对特种设备安装或检验过程在现场监督的一种检验方法。监督检验并不是检验人员自始至终、每时每刻地都要跟踪在现场，而是根据监督检验细则中监督控制点的设置情况决定是否进行现场监督。

3. 实物验证

实物验证也称现场检验，是检验人员通过实物的核对、检验测试、试验等对设备安装质量进行判定的一种方法。

检验测试和试验并不一定必须是检验人员亲自动手操作,也并不是必须使用检验单位的仪器设备。但是,检验人员要对仪器设备是否适用,操作是否合理进行判断。在符合要求的基础上,检验人员要亲自判读数据,根据观察到的试验现象和试验数据独立地做出结论。

对于耗时及耗钱的项目可以与施工单位同时进行。数据的读取与处理可以联合也可以独立完成,甚至得出完全相反的结论。

在具体的监督检验实施过程中,以上三种方法可以分开使用,也可以综合使用。具体采用那一种方式,根据安装单位的工作质量统计情况而定。对于不同施工单位安装的同一型号的设备,根据安装单位的质量保证能力和安装质量统计情况采用不同的监督检验方式。对于同一施工单位安装的设备,根据其质量保证能力的变化,必须随时调整监督检验方式。以保证特种设备的安装质量,满足使用的安全要求。

第三节　移装过程的质量监督

特种设备的移装是指将正在使用中的合格特种设备从一个地点移到另一个地点的安装并使用过程。其行政监督的程序如下。

1. 拆除前的告知

特种设备无论是移装还是报废拆除,在拆除前必须到当地行政监督部门进行拆除告知,告知后方可进行拆除。

2. 移装前检验

对于拟进行移装的特种设备,在移装前必须进行检验,在检验合格的基础上,确认移装后仍能保证其固有性能的设备方可进行移装。对于没有移装价值的特种设备,或移装后难以保证产品固有质量的,则按报废处理。

3. 移装时的监督检验

移装是特种设备常见的一种安装方式,在移装的特种设备安装前,必须对其各种状态进行检测,认为合格后方可进行施工。这也是移装设备监督检验的重点之一,也是检验机构必须重视的工作之一。

对于移装设备安装过程的监督检验与新装设备安装过程的监督相同,在此不再赘述。

第十章

质量检验

质量决定安全。质量检验是指质量形成过程中的一个阶段,也是质量监督者开展质量监督活动的一种方法。目的是保证进入社会的产品质量符合国家批准的设计文件、标准、规范的要求,验证在用设备质量的保持情况。

第一节　检验的概念及分类

一、检验的定义

检验是指对实体的一个或多个质量特性进行的诸如测量、检查、试验或度量,并将结果与规定要求进行比较,以确定每项特性符合标准要求所进行的活动。符合规定要求的叫"合格",不符合规定要求的叫"不合格"。

产品的质量特性主要包括以下三方面。

(1)内在特性:结构性能、物理性能、安全性能、可靠性等。

(2)外在特性:外观、形状等。

(3)经济特性:成本、价格等。

特种设备的检验是以安全性能为重点。即内在特性为重点,同时兼顾其它质量特性所进行的检验。

二、检验的分类

根据产品形成过程及检验过程、检验地点、检验对象、检验人员、检验方法、检验性质等的不同,检验的分类有很多种。

1.按加工过程,检验分为以下三种。

(1)进货检验:又称入厂检验。对原材料、外协件和外购件进行的进厂检验。

(2)过程检验:又称工序检验。在生产现场进行半成品的检验。

(3)最终检验:又称成品检验。对已完工的产品在入库前的检验。

2.按检验地点,检验分为以下两种。

(1)固定检验:在固定地点,利用固定的检测设备进行检验。

(2)流动检验:按规定的检验路线和方法,到工作现场进行检验。目前,国家质量监督检验部门对在用特种设备的检验即属此类。

3.按检验对象与样本的关系,检验分为以下三种。

(1)抽样检验:对检验的产品按标准规定的抽样方案,抽取小部分的产品作为样本数进行检验和判定。

（2）全数检验：对生产的产品全部进行检验。

（3）首件检验：对操作条件变化后生产的第一件产品进行检验。

4.按检验人员，检验分为以下三种。

（1）专职检验：由专职检验人员对产品进行检验。

（2）自检：由生产者（或使用者）在生产（或使用）过程中对自己生产（或使用）的产品根据质量要求进行的检验。

（3）互检：生产工人之间对生产的产品进行的相互检验。

5.按检验的性质，检验分为以下两种。

（1）非破坏性检验：产品检验后，不降低该产品原有性能的检验。

（2）破坏性检验：产品检验后，其性能受到不同程度影响，甚至无法再使用的检验。

6.按产品检验方法，检验分为以下三种。

（1）感官检验法：包括视觉检验法、听觉检验法等。主要适用于无法测量的产品质量特性和缺乏技术测量手段的情况。

（2）理化检验法：包括物理检验法、化学检验法等。

7.按产品质量性质，检验分为以下两种。

（1）功能检验：只是对其功能是否正常进行检查。一般情况下检验的结果是定性结论。

（2）性能检验：要对参数进行测试的检验。其检验结果是一个量值，或一个量值范围。

8.按特种设备全寿命过程，检验分为以下三种。

（1）监督检验：也就是过程控制的检验，属于一种预防性质的检验。一般分为制造过程监督检验和安装过程监督检验。其目的是发现和排除早期的质量隐患，确保产品质量的一致性和最终性能的一种质量控制方法。监督检验一般是第二方或第三方对生产企业或安装单位的工作质量和产品质量进行检验的一种方式方法。

（2）定期检验：定期检验是监督检验的一种特殊形式，定期检验是特种设备使用过程中，在使用单位自检合格基础上的一种验证性检验，其检验的目的就是验证使用和维护保养单位对设备使用管理是否符合要求，使用单位的检验方法是否正确。也是对使用和维护保养单位工作质量的一种监督和促进。

（3）型式试验：特种设备的型式试验分为新产品的型式试验和批量生产产品的型式试验两种。

批生产产品的型式试验又称为例行试验。为了验证产品的性能而进行的一种检验。进行型式试验的时机如下。

1）产品生产达到一定数量时。

2）产品生产达到一定周期时。

3）生产工艺和工艺装备有重大变化时。

4）停产一定时间重新进行生产时。

5）转厂生产时。

6）国家有强制要求时。

三、检验的组织形式

按照检验的组织形式可分为独立型检验和联合型检验。

独立型检验,也称独立检验,是由检验人员独立操作或有人配合操作,对结果独立进行判定的检验方式。

联合型检验,也称联合检验,是由两个或两个以上组织或机构同时对某一项目或同一产品进行的检验,对检验结果进行独立判定或联合判定的检验形式。

实施联合检验的原则:对于费时、费用高、对设备有严重损害的项目采用联合检验的形式进行。是否采用联合检验一般由提交方与终检方协商确定;或者在产品技术文件中明确规定。

一般情况下,可靠性试验、维修性试验等都是采用联合检验,独立判定的方式进行。

四、检验项目的确定

检验项目必须按照法定的规范、规程、产品特点、生产过程等进行确定,检验机构(或检验者)根据检验过程中出现的质量问题可以增加检验项目,但不得随意减少检验项目。

五、法定检验依据

检验依据根据检验者的不同分为检验机构的检验依据和检验人员的检验依据。

1. 检验机构的检验依据

检验机构的检验依据又分为行政依据和技术依据。

检验机构的检验行政依据就是核准的检验范围。

检验机构的检验技术依据包括以下几点。

(1)销售方与使用方签订合同的技术要求、受检方委托书。

(2)特种设备监督检验规则、安全技术规范。

(3)企标标准,产品图样和技术文件。

(4)部级标准。

(5)国家标准。

2.检验人员的检验依据

(1)检验单位的检验工艺、作业指导书。

(2)特种设备安全技术规范。

(3)企标标准,产品图样和技术文件。

(4)部级标准。

(5)国家标准。

(6)委托书(委托项目、要求)。

第二节　检验步骤

检验是一个过程,一般包括以下步骤。

1.明确要求

检验者(机构)应根据有关技术文件、技术标准和安全技术规范,首先明确检验的项目和分项目的要求。在此基础上制定检验计划,拟定检验方法和检验操作规程。

另外,在采取抽样检验的情况下,还要明确抽样方案。

2.实施检验

检验者按照检验细则(或工艺)和操作规范,运用检测设备,仪器,量具进行试验、测量、分析或感官检验,以得到真实的质量特性值和结果。

3.检验数据与标准对比

检验者将检验结果的数据与技术标准或检验细则(或工艺)规定参数进行对比。

4.结果判定

根据对比的结果,作出是否合格的判断结论。

5.处理

处理也称处置,是对判定合格产品的放行或准用,对不合格品的处置等。同时,记录所测得的数据、判定的结论和处理意见,并将其结果反馈给有关方面。

第三节　质量监督控制点的设置

质量监督控制点是根据不同的产品,不同的生产和使用单位的实际状况进行确定的。一般地,监督控制点的设置应遵循下述原则。

(1)对于生产过程中质量不稳定的零部件、工艺过程等。主要是指受人为因素,环境因素影响比较大的生产过程。

(2)对特种工艺的生产过程。如焊接质量;热处理质量;表面处理质量等。

(3)关键件、重要件的加工过程。如塔式起重机标准节的加工过程;箱形梁的加工过程;支腿的加工过程;电梯导轨安装的直线度;曳引机承重梁埋入墙的深度等。

(4)对装配后不易检查的项目。如箱形梁内加强筋的焊接数量、焊接质量、位置等进行的检验。

(5)合同或图样及技术文件要求的项目。

(6)国家有强制性要求的项目。

(7)产品发生事故后。

第四节　监　督　检　验

监督检验是保证特种设备使用安全的主要手段之一。

一、监督检验的概念

监督检验是特种设备监督检验机构依据法律、法规及产品的图样和技术文件的要求,对特种设备的质量及安全性能进行的一种检验。监督检验是一种预防性检验,包括了对新产品、安装和在用产品的质量及安全性能的检验。

监督检验分为定期监督检验和不定期监督检验。

定期监督检验又分为定时监督检验和定工序监督检验。定时监督检验是在规定的时间,对产品或设备的性能进行的检验;定工序监督检验是根据产品的生产特点,在规定的生产工序点进行的检验。

不定期监督检验是为了保证产品质量一致性的一种质量控制方法。其又分为不定期抽检和不定期全数检验。

不定期抽检是保证产品质量一致性的一种检验方法。抽检可以是某一个质量控制环节的某一质量要素,也可以是某一质量控制环节的全部要素。

不定期全数检验是对影响产品质量的某个环节内所有项目进行的检验。

对作出监督检验合格的产品,应签署监督检验合格报告或证书。对监督检验不合格的产品,应将不合格的理由及时通知生产或使用单位。

二、监督检验的范围

监督检验应当是产品图样和技术文件已确定,根据图样和文件确定监督检验项目。

1. 成品

成品是指生产单位已完成全部生产过程,并经生产单位自检合格,可以销售的产品。监督检验的成品有以下几方面。

(1)国家规定需要监督检验的产品。

(2)新生产的特种设备。

(3)改造或大修的特种设备。

2. 关键元器件和关键件(特性)、重要件(特性)

主要包括以下几种。

(1)关键件、重要件。

(2)质量不稳定的项目。

(3)装配后不易检验的项目(隐蔽件)。

3. 试验

主要包括可靠性试验、静态试验、动态试验、型式试验等。

监督检验机构应根据产品特点,编制产品的监督检验细则,明确监督检验项目、要求、方法和时机。

三、监督检验的一般形式和方法

1. 组织形式

(1)独立型。这种形式的监督检验是由监督检验机构独立进行全部监督检验工作(包括所有测量、测试和试验),并作出结论。

独立型监督检验并不排斥生产单位有关人员参与,但生产单位的参与只是起配合和辅助作用。这种形式的监督检验要求监督检验人员要熟练掌握产品的操作方法及检测、测试器具的使用方法。当监督检验中发现质量问题时,要保护好现场,及时通知施工单位,以便进行分析处理。

(2)合验型。对破坏性的或从经济上考虑不宜重复进行的检验,监督检验机构的检验可与生产单位的检验、试验工作合并进行。

需要指出的是,①监督检验机构对试验结论具有最终决定权;②合验并不能减轻生产单位的责任,对于合验中出现的质量问题,其责任仍属生产单位。监督检验机构人员要坚持试验标准,严格控制试验条件,应同独立检验一样,仍要考核检验一次合格率。

2. 监督检验的方法

监督检验根据产品阶段的不同分为过程检验和最终检验,根据检验样品的数量分为全数检验和抽样检验两种方法。

对于特种设备的过程检验有全数检验和抽样检验,最终检验都采用全数检验。

(1)全数检验。对生产单位生产出的成品实行逐件检验,称为全数检验。

全数检验,可以根据产品质量情况,对每一件产品按图样和技术文件以及国家标准、技术规范要求逐项检验,也可以对每一件产品的重要项目或质量不稳定的项目抽项检验,其特点是合格一件放行一件。

全数检验适用于以下情况。

1)检验是非破坏性的。

2)检验费用少。

3)检验项目少。

4)影响整机质量的重要特性项目。

5)产品质量尚不稳定。

6)单件生产的产品。

7)首批生产的产品。

8)能够应用自动化方法检验的产品。

对产品进行全数检验,应按照产品图样、技术文件、国家标准和检验规范执行。

一般来说,全数检验有利于保证产品的质量,有效地防止不合格产品流向社会。但它不利于生产单位的质量保证能力和生产效率的提高。

(2)抽样检验。抽样的特点是根据少量样品的检验结论做出整批产品是否合格的决定,它是建立在数理统计基础上的一种科学方法。

抽样检验适用于以下情况。

1）检验是破坏性的。

2）期望节省检验费用。

3）产品数量大。

4）检验项目多。

5）产品结构简单。

6）产品质量稳定。

对于抽样检验需要把握两点。第一,必须保证样本能够反映整批产品的实际质量水平;第二,需要制定一个科学的抽样方案,以便在减小检验误差与风险率、真实反映产品质量与降低成本方面达到最优。

四、监督检验程序

为了克服监督检验的随意性,防止外部对监督检验的干扰,确保产品监督检验工作质量,监督检验工作必须标准化、制度化、规范化。

1. 受理

施工单位报检的产品,必须由检验机构办理监督检验手续,监督检验受理时一般应符合下列条件。

（1）申报的产品在监督检验范围内。

（2）申报的资料齐全、完整、清晰。

（3）施工过程中的质量问题已处理完毕。

（4）提交的产品已通过自检合格。

（5）提供的现场检验条件符合要求。

经过受理资料审查,确认符合要求后予以受理。对于不符合提交条件的,不予受理。

2. 编制《监督检验细则》

详见第十一章。

3. 监督检验的实施

（1）在施工单位检验合格的产品中按规定抽取样品,或全数检验。

（2）按照图样、技术文件、国家标准、检验规范进行检验与试验,并做好记录。

（3）评定结果。监督检验人员在监督检验、试验完毕后,应做出产品合格与否的结论。对于不合格的产品,监督检验人员应将不合格的理由通知施工单位,并监督其采取纠正措施。施工单位必须认真分析原因,采取纠正措施并消除质量问题,产品经验证合格后才可以重新办理申请复验手续,监督检验机构可重新实施监督检验。

(4)签署监督检验合格证书。在检验合格后,由监督检验人员按规定填写监督检验合格证书并签章,经审核、监督检验机构负责人批准后,加盖监督检验机构公章或检验专用章。

特种设备产品采用一个产品一个监督检验证书,不得一机多证或一证多机。

第五节　定 期 检 验

定期检验是根据产品的性能特点对产品或设备在寿命周期内进行的监督检验。因此,定期检验分为定期自检和定期验证性检验,定期验证性检验通常是法定的定期检验。

一、定期自检

定期自检是设备的使用者或管理者为了保证其处于安全运行状态的一种措施,是按照产品技术文件或国家强制规范、标准要求进行的周期性检验。

对于特种设备的自检是由设备使用者组织进行的一种检验。其检验的依据主要包括维护保养单位的作业文件、产品技术资料、国家强制性的规范和标准、地方的相关规定等。使用者可以将定期自检工作委托给设备的维护保养单位,或其他有资质的维护保养单位也可以委托给不对该设备进行法定检验的专业检验机构。

二、定期检验

定期检验也称为验证性定期检验,是为了验证使用单位的管理质量、维护保养单位的工作质量以及在用设备的质量进行的一种验证性的检验。这种定期检验必须在使用或维护保养单位自行检验合格的基础上进行,是为了防止和减少在用特种设备事故的一种强制性检验。

1.定期检验对使用和维护保养单位的要求

(1)检验项目:使用单位和维护保养单位的自检检验报告项目完整,符合相关要求;自检报告的格式,必须是维护保养单位或者使用单位体系文件中要求的格式。

（2）检验结果：自检报告中所有的检验项目的结论必须合格。

（3）保养记录：按照产品技术文件和国家规范或标准对设备进行维护保养，每次维护保养记录清楚地记载了维护保养的日期、项目、内容等；

（4）管理制度：使用单位的各项关于特种设备的管理制度必须张贴在显著位置，并进行落实。

2.对定期检验的工作要求

（1）审核申报资料：对提供的自检报告与实物进行核对，是否属于该设备的自检报告；审查自检报告的格式与内容是否完整、准确，其判定结论是否全部合格。

（2）实施现场检验：根据提供的自检报告和检验机构的检验细则，确定需要进一步验证的检验项目，根据需要验证的检验项目实施检验。

（3）综合结论判定：根据日常维护保养记录、自检报告和实施检验的情况对检验结果和维护保养质量进行综合的判定。判定主要从两个方面进行。一是设备本身的质量状况和安全性；二是使用单位和维护保养单位的质量体系运转的有效性。

（4）出具检验报告、意见通知书、检验案例：根据综合判定结果出具检验报告、《检验意见通知书》或检验工作案例。若需要出具《检验意见通知书》时，要明确整改的项目、内容、时间要求等。对于检验不合格的设备还应出具《检验工作案例》，明确存在问题的部位，问题产生的原因及整改意见和建议。

第六节　检　验　结　论

检验结论是检验者依据产品质量标准，针对产品的物理性能、化学性能、使用功能、有效成分含量以及其他技术指标，进行检验检测、试验后得出的评价和判定结果。结果判定是一项综合性比较强的工作，是检验报告编制者依据现场的检验记录判定设备满足规定要求的程度。检验结论是对产品质量状况的客观、真实、科学地反映。

一、检验结论的分类

检验结论按照检验的项目可分为单项判定结论和综合判定结论两种。

检验结论按照检验结果的性质分为合格、不合格两种。为了使得检验过程更加明确，也有的将检验结论分为合格、不合格、复检合格、复检不合格四种。特种设备的检验一般都采用后者。

在日常的检验中,检验记录经常会出现单项检验结果为"无此项"。因此,在检验报告中也经常出现该检验项目的检验结论也为"无此项",这是因为所采用的检验记录和检验报告没有针对具体的产品特点进行设计造成的。这种情况在特种设备的检验工作中经常出现。

二、检验结论的判定

检验结论的判定必须以规定的要求为依据。规定的要求随着时间、环境以及设备的不同而改变,特别是在进行综合判定时必须针对具体的问题具体分析。

1. 功能性项目的判定

功能性项目也称为定性要求项目。功能性判定是设备必须具有该功能,并且功能有效,则判定为"合格"。对于功能性要求的项目,首先,判定设备是否必须具备该功能。若该设备应该具备该功能,而设备没有设置,则检验结果应为"无"或"不符合",检验结论判定为"不合格"。若该设备不应该设置该项目,则检验结果应为"无此项",检验结论为"合格"。其次,进行功能有效性检验,如果功能满足要求,则判定为"合格",否则判定为"不合格"。也就是,按照规定要求设备应该具备的功能必须具备,并且功能满足要求时,则检验结论判定为"合格";如果应该具备的功能没有,或功能不满足要求,则判定为"不合格"。

2. 性能性项目的判定

性能性项目也称为定量要求项目。性能性判定是设备的性能指标满足固有特性的能力,满足固有特性,则判定为"合格",否则判定为"不合格"。对于设备的性能一般都有具体的数据要求,可以根据实际的检验数据是否在要求的范围内进行判定。如果在范围要求内,则判定为"合格";否则判定为"不合格"。

3. 质量保证体系运转情况的判定

质量保证体系运转的判定结论为运行正常(或运行有效)与不正常两种,运行正常(或有效)的情况下允许有整改或改进项目。质量保证体系运转是否有效的判定,即就是对设备使用、安装和维护保养单位质量保证体系落实情况的一种定性要求,其判定依据是设备使用、安装和维护保养单位的质量保证体系文件以及相关标准的要求。对使用、安装和维护保养单位的质量保证体系的运转得出"不正常"结论时,必须经过检验机构核实后再反馈至相关单位或部门。检验人员无权直接判定使用、安装和维护保养单位的质量保证体系运转"不正常"的结论,只有建议权。

4.综合结论的判定

综合判定是根据单项判定结论对设备的整个状况,包括使用、安装、维护保养单位质量保证体系运行的有效性满足规定要求的程度的判断。

一般来讲,当所有的单项结论为"合格"时,综合判定结论为"合格";当单项结论中有"不合格"时,根据规定的判定条件要求进行综合判定结论为"合格"或"不合格"。但是,也不尽然是这样的,也存在当单项结论均"合格"时,综合判定结论"不合格"的现象。此种情况出现的主要原因在于设备在部件或机构方面存在不匹配的问题,这也是在进行综合结论判定时容易忽视的方面。

三、对检验结果中出现"无此项"的界定

根据目前特种设备的结构形式和性能特点,每一类型的特种设备都有其共性,也有其特殊性。当检验机构在规范检验行为时,对于同一类型的设备都采用统一制式的记录格式,而不可能根据每台设备编制检验记录,也就是说,检验机构不可能根据每台设备的具体特点编制检验记录。加之,所采用的检验报告都是国家质量监督检验检疫总局规定的制式格式。因而,大部分情况下,在记录和报告中出现"无此项"是必然的,也是无法避免的。

在检验结果中出现"无此项"就意味着设备本身无该项功能和要求。如果与设备有关的规定、规范和要求中,对相应的功能有明确的要求,那么,在检验结果中就不能出现"无此项",而应该是"符合"或"不符合",在检验结论的判定中,应为"合格"或"不合格"。

对于规定、规范和要求中,没有强制规定的检验项目,必须根据设备本身的具体情况,判定该项检验结果是否为"无此项"。

第七节　检验仪器设备

检验仪器设备是检验工作的必备工具,也是检验数据采集、处理获取结果不可少的设备,用仪器检验是检验工作的必要手段,也是科学地获得数据的方法。因此,检验仪器的选择和使用在检验工作中有着很重要的地位,起着很重要的作用。

检验离不开仪器,不用仪器进行的检验属于经验型检验,其结果的科学性、可信性就有很大的质疑,检验通过的产品质量及安全性将难以保证。

一、仪器在检验中的作用

用仪器检验是检验工作的手段,用数据说话的检验工作具有很强的说服力。检验仪器设备在检验工作中的作用具体表现在以下几方面。

(1)仪器是检验工作的主要手段。检验离不开仪器,离开仪器进行检验是盲目的检验,属于经验检验,无法获取真实、可信的数据,检验结果无法追溯和复现。

(2)用仪器检验可以降低劳动强度,提高工作效率。

(3)用仪器检验具有科学性。

(4)用仪器检验有利于质量分析,可以不断的提高产品的质量。

(5)用仪器检验有助于区别产品质量的优劣。

二、检验仪器设备的选取

检验仪器设备选取不但决定了检验工作的效率,而且影响到检验结果的可信性。因此,检验仪器设备必须经过科学地分析,在科学分析的基础上选取合适的检验仪器设备。

一般在检验仪器设备选取时要遵循下述原则。

(1)环境适应性。选取的检验仪器设备必须适合被测产品的环境,有使用环境要求的检验仪器设备必须在特定的环境中使用,以确保测量数据的准确性和检验结果的正确性。如使用温度、湿度、气压、高度、振动、电磁环境等要求。

(2)精度要求。检验使用的仪器设备精度要求高于被测产品精度要求的一个数量级,坚决不能选取精度低的仪器设备检验精度要求高的产品。在检验仪器设备选取时,并不是检验仪器设备的精度越高越好。精度过高,一方面带来要操作难度的增加和检验时间的浪费;另一方面也带来检验成本的增加。

(3)经济性。并不是价格高的检验仪器设备就好,要根据被检验产品的性质、精度要求,经过费用与效能分析,科学地选取经济性好的检验仪器设备。

(4)实用性。选用的检验仪器设备重在使用,因此,要突出实用性。根据检验仪器设备的功能分为综合型、单一型、组合型;按照结构形式分为电子式、机械式、机电式、光电式等。根据不同的情况,选取不同的检验仪器设备,以达到简单实用的目的。

三、检验仪器设备使用

检验仪器设备的使用决定了检验数据的可信性,影响到检验结果的真实性,关系到产品质量的优劣,进而影响到整个寿命过程中的可靠性、安全性。因此,检验仪器设备的正确使用十分重要。一般地,在选定好检验使用的仪器和设备后,在使用仪器和设备进行检验时必须符合以下要求。

(1)查看选用的仪器设备是否在计量检定周期内。

(2)进一步检查要用的仪器设备是否属于限用仪器设备,属于限用仪器设备的,不能使用限止使用的范围、档位等,必须选用有效的档位、范围。

(3)仪器架设。仪器设备的架设必须严格按照仪器设备的使用要求进行操作。

(4)仪器设备的开机、校零。不仅电子式仪器设备在使用前要进行校零工作,而且这也是机械式仪器设备在使用前必不可少的步骤和环节。有的电子式仪器设备不属于即开即用型,可能还需要一定的预热时间,待预热时间达到后再进行校零工作。

(5)检验检测。按照仪器的操作规程,进行操作和读取数据。

(6)仪器设备的关机、收放。电子式仪器设备在使用完成后,要按照关机顺序进行关机,有延迟关机要求的必须延迟关机。对于机械式仪器设备,在使用完成后,要按照要求进行防护,收于仪器设备箱内。

第十一章

监督检验
细则的编制

　　监督检验机构为了保证监督工作的质量和有效性,就必须有一套适合自己并便于操作的文件化的依据,这就是监督检验细则。一般情况下,将监督检验工作分为监督工作和检验工作。为了工作的方便性,针对性,将监督检验文件化的依据分为监督细则和检验细则。

　　本章主要对监督细则和检验细则的编制要求进行阐述。

第一节　监督细则的编制

　　监督细则是对特种设备研制、生产、安装、改造、使用等全寿命全过程环节中,影响特种设备形成过程和质量保持主体的质量体系运行状况及特种工艺、关键工序过程进行监督的文件。

一、监督细则包含的内容

　　监督细则一般包括以下几个部分。

　　(1)目的。也就是编制该监督细则的目的和意义。

　　(2)适用范围。是指本细则适用于哪种型号、规格,哪一类,哪个企业的特种设备。

　　(3)编制依据。编制监督细则必须依据的国家颁布检验规则(程)、产品标准、产品质量状况的变化等。

　　(4)引用标准。编制监督细则时所引用的国家标准、部级标准、行业标准等。编排顺序为国家安全技术规范、国家标准、部级标准、行业标准、企业标准等。

　　(5)监督点的设置、监督内容、监督要求、监督方法及监督的时机(或频次)等。

　　(6)监督信息的处理及传递。

　　其中,(5)部分是监督细则编制工作的重点。常用格式见表 11 - 1。

表 11 - 1　《×××监督项目、技术要求、监督方法》

监督工序	监督项目	监督场所及监督时机	技术要求	监督方法	仪器、设备	备　注

二、监督细则的编制要求

1. 对适用范围的编制要求

一套监督细则只适用于某一企业的某种产品,这样更有针对性和操作性。

2. 监督控制点的设置

监督控制点设置的原则见第十章第三节。

3. 监督方法、监督时机、监督节点及频次的要求

在编制监督方法时,可以是一种也可以是多种,这样的《监督细则》就有更强的操作性和针对性。

监督时机根据影响产品质量的特性来定。用于预防性监督采用的是事前监督。对于过程质量监督一般采用的是事中监督和事后监督。事中监督也有一定的预防性,事后监督只是一种验证性的工作。

在监督方法中要明确每种监督方法的具体内容和要求。

4. 签署要求

监督细则属于监督检验机构质量体系中文件化的组成部分,监督细则必须履行编制、审核、标准化审核、批准四级审签手续。

编制和审核主要是对编制内容的完整性、正确性负责;标准化审核主要负责编制的格式是否符合相应的规定,监督内容的要求及结果的处理是否符合相关标准化的规定要求。

监督细则在编制完成后,检验机构可以组织相关的专家进行评审的方式进行确认,评审通过后方可发布实施。在监督细则发布后要将监督细则的控制点告诉施工单位,以便配合监督工作。需要时,还要将《监督细则》报监督检验机构的上级管理部门备案。

三、监督细则的更新

监督细则的监督内容与控制点的设置是根据设备、企业和时间的不同而需要不断地更新修改。一般地,监督细则每年或间隔一定的时间,根据监督的对象和质量的变化进行修订和更新。以使监督具有针对性,更切合实际,更具有操作性。

第二节　检验细则的编制

"检验细则"又称检验工艺,它是检验人员进行现场检验工作的依据。检验细则的编制,要注重"实"和"细",也就是,编制的检验细则,要具有很强的操作性和针对性,避免二义性的理解。这是编制检验细则的基本要求。

检验细则是将检验规则(程)中引用的国家、行业技术标准的要求,结合本机构人员的素质、仪器设备,将检验规则(程)中引用的国家、行业技术标准内

容变得更具体、更具有操作性。

一、检验细则包含的内容

检验细则一般包括以下几个部分。

（1）目的。也就是编制该检验细则的目的。

（2）适用范围。是指本细则使用于哪种型号、规格或哪一类的特种设备。

（3）编制依据。编制检验细则依据的国家颁布的《检验规则（程）》、产品标准等。

（4）引用标准。编制检验细则时所引用的国家标准、部级标准、行业标准等。编排顺序为国家安全技术规范、国家标准、部级标准、行业标准、企业标准等。

（5）检验内容、检验要求、检验方法、操作步骤、检验仪器设备、结果判定及数据处理等。

（6）综合结论的判定及处理。

（7）检验过程中问题的处理。

其中，第（5）部分是检验细则编制工作的重点。常见格式见表 11 - 2。

表 11 - 2 《×××检验项目、技术要求、检验方法及合格判定》

检验工序	检验项目	检验场所	技术要求	检验方法、步骤 及合格判定	仪器、设备	备 注

二、检验细则的编制要求

1. 对适用范围的编制要求

一套检验细则只适用于一种型号设备，这样更有针对性和操作性，就不会有取舍项目的存在。但是，由于特种设备的特殊性，这样编制的检验细则就会很多。一般情况下，都是采用同一类结构特征相近的特种设备编制一个通用的检验细则，但这样在操作上就存在项目取舍的问题。

2. 检验方法的编制要求

在编制检验方法时，可以是一种也可以是多种，这样的检验细则有更强的操作性和针对性。

在使用多种检验方法时,一是要明确检验方法选择的顺序;二是在检验方法中要明确每种检验方法的操作步骤。

3. 签署要求

检验细则属于检验机构质量体系中文件化的组成部分,《检验细则》必须履行编制、审核、标准化审核、质量会签、批准等审签手续,其中编制、审核、批准三级审签是必须的。

编制和审核主要是对编制内容的完整性、正确性负责;标准化审核主要是看编制的格式是否符合相应的规定,检验内容的要求及结果的处理是否符合相关标准化的规定要求;质量会签主要是对是否能满足质量控制要求。

《监督检验细则》在编制完成后,检验机构要组织相关专家进行评审确认,评审通过后方可发布实施。需要时,还要将《监督检验细则》报监督检验机构的上级管理部门备案。

三、检验细则的更新与修订

当检验机构的人员、仪器设备,检验规程、标准发生变化时,就要对检验细则进行更新和修订。检验规程、标准变化时主要是对检验的项目内容和技术要求进行修订。当检验机构的人员、仪器设备发生变化时,主要是对检验方法进行修订。

第三节　监督细则与检验细则

检验细则和监督细则都是监督检验人员工作的依据,在特种设备的质量监督和监督检验工作中,经常是将二者合一,称为监督检验细则(或工艺)。而实际上这两个细则的侧重既存在着很大的不同点,也有很大的联系。

本节主要阐述这两者的区别和联系。

一、监督细则与检验细则的区别

监督细则主要是适用于产品制造(含安装)质量的过程控制,是通过控制产品形成过程中的质量来达到获得合格产品的目的。它是一种事前和事中把关的措施,它能及时发现产品形成过程中的不合格。监督细则在编制、审批完成后要告知监督对象,是在监督过程中需要监督对象予以配合的质量控制文件。

检验细则是一种事后把关的措施,一般适用于产品的最终检验,也适合关键过程控制点的检验。它是检验机构根据检验规则、产品标准、产品图样和技术文件等制定的检验文件。

二、监督细则与检验细则的联系

监督细则和检验细则的终极目标都是一致的,都是保证出厂产品的质量、在用产品的质量符合相关要求。监督细则是过程监督时检验人员的一种操作文件,其质量控制的方法是检验机构检验工作前伸的一种体现,它的实施能更好地为最终的检验打下一个良好的基础,是保证产品(或设备)的内在质量和质量一致性的前提。

检验细则是一种传统的产品质量把关的文件,是检验人员从事检验工作必不可少的文件之一。在某种程度上,检验细则是监督细则的有效验证,只有两者相互的补充才能起到良好的作用,达到更有效提高产品质量的目的。

监督细则和检验细则的区别与联系见表 11-3。

表 11-3　监督细则和检验细则的区别与联系

序号	项目	监督细则	检验细则	备注
1	目的	1. 通过过程控制获得符合预期质量的产品 2. 保证流入市场的产品符合预期的质量要求	1. 通过最终检验获得符合预期质量的产品 2. 判定产品是否符合相关的质量要求	目的一致
2	作用和效果	1. 将产品的不合格控制在萌芽状态,防止出现更大或更多的不合格 2. 体现检验机构帮助和促进生产单位提高质量的一种有效方法	1. 只能将不合格予以剔除,或经返工、返修合格后使用 2. 对有的内在质量难以发现	1. 对于使用者作用一致 2. 大的效果不同
3	方法	通过工作质量和实物质量的控制保证成品质量	只是通过实物质量控制产品质量的一种方法	方法差异
4	性质	属于一种事前或事中把关	属于事后把关	

续表

序号	项目	监督细则	检验细则	备注
5	适用范围	1.需要制造单位和检验单位共同协调执行的文件 2.适用于产品的制造、安装、使用过程的工作质量控制和实物的质量控制	1.检验机构单方面执行的文件 2.只适用于产品的实物质量	
6	使用要求	一个制造单位或一类产品一个监督检验细则	一种型号的产品一个检验细则	
7	制定依据	根据不同产品的形成过程或不同的企业制定	产品相同则检验细则一致	

三、监督细则与检验细则的实施

目前,将特种设备的检验分为监督检验和定期检验,而实际上从质量监督的角度出发,检验机构目前的检验都属于监督检验的范畴。监督检验分为定期监督和不定期的监督检验。因此,定期检验属于监督检验的一种。

监督细则不只是针对特种设备的制造和安装过程,而且也针对特种设备使用的全过程。在特种设备使用过程中的监督细则,主要侧重于维护保养单位和使用单位的工作质量方面的监督以及实物质量的监督验证。

检验细则在特种设备的全寿命周期过程中都要用到,其根本就是只对实物的质量进行检验。

监督的结果和实物检验的结果共同组成特种设备质量的符合性结论。只有这样的结论才是比较客观、科学、合理的检验结论。只经过实物的质量就对在用设备下结论是比较片面的,存在的问题是没有很好地对日常维护保养的质量和使用过程中的质量做出一个客观真实的评价。

监督细则和检验细则是一个问题的两个方面,不能有所偏废,必须严格执行。这两个细则是一个互相弥补、互相补充的关系。只有将两者的作用得到很好的发挥,才能保证特种设备质量的一致性,才能保证特种设备质量的不断提高,才能保证在用特种设备质量的保持,以达到降低事故风险的目的。

第十二章

质量问题处理

　　在监督检验中,发现产品本身的质量问题和管理方面存在的不足是常见的,这些问题和不足都妨碍了特种设备的正常安全运行。在监督检验中发现问题是水平,帮助质量责任主体解决问题是能力,对发现问题的处理不重复发生是监督检验工作的成效。因此,通过对发现问题的处理,提高特种设备质量责任主体的工作水平是监督检验工作的重点。

　　本章以技术质量问题为主进行阐述。

第一节　产品质量问题的处理

　　对产品质量问题处理是有效保证产品(或设备)质量一致性和稳定性的有效方法。

一、产品质量问题的分类

　　监督检验过程中发现的产品质量问题,按其对特种设备的质量影响程度分为严重质量问题、较大质量问题和一般质量问题三类。

　　(1)严重质量问题是指对特种设备的质量和运行安全有严重影响的问题。也就是继续使用将产生严重的事故后果。

　　(2)较大质量问题是指对特种设备的质量和运行安全有较大影响的问题。说明特种设备的继续运行发生事故的概率很大。

　　(3)一般质量问题是指对特种设备的质量和运行安全有一定影响的问题。

　　按照质量问题的性质分为技术质量问题和管理问题。

　　管理问题是指生产和试验单位的体系运转不正常,其工作对特种设备的质量和安全性难以保证。

　　技术质量问题是指产品(或设备)质量或安全性能不符合技术标准或技术规范的要求。

　　一般情况下,产品(或设备)出现技术质量问题,必然有管理方面的原因,也就是质量体系运行或制定方面的原因,产品的质量问题不会脱离质量体系而独立存在。

二、质量问题的处理原则

　　质量问题的处理就是一个不断提升产品质量或保持产品质量的过程,在质量问题的处理时,要"举一反三",坚持"三不放过"的原则。"三不放过"的含义是,产生质量问题的原因不明确不放过,产生质量问题的责任不清楚不放过,针对质量问题所采取的措施没有落实不放过。简而言之就是,原因不明、责任不清、措施不落实不放过。

在执行"三不放过"原则时,一方面要从技术和管理两个层面上进行;另一方面在处理质量问题时,要举一反三,不能就事论事而忽视其他类似的质量问题发生。

按照质量问题的严重程度,在进行质量问题的处理时,应该采取的措施和坚持的原则是,对于重大质量问题由行政监督机构组织处理和处理效果的验证;对于一般的质量问题,则由技术监督检验机构组织处理。

三、质量问题的处理方法

在处理生产和试验中出现质量问题时的处理程序为查明质量问题产生的原因,根据查明的原因落实出现质量问题的责任部门和责任人,根据查明的原因和责任人制定相应的纠正和预防措施。其流程图见图 12 - 1。

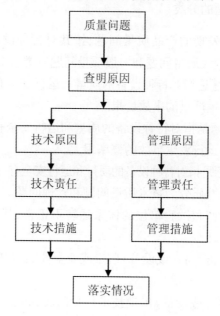

图 12 - 1 质量问题处理流程图

根据"三不放过"的原则,对质量问题进行处理时,目前比较先进的方法是,采用"双五条"的处理方法。"双五条"就是从技术和管理上,都从五方面进行操作。

"双五条"具体的处理方法如下。

1. 技术方面

(1)定位准确,就是根据实际情况和需要,对产品发生的所有质量问题,要准确确定发生的部位。

（2）机理清楚是指质量问题一旦发生定位后，要通过试验和理论分析等手段，弄清问题发生的根本原因。

（3）问题复现是指在定位准确、机理清楚后，通过试验、仿真试验或其它试验方法，复现问题发生的现象，从而验证定位的准确性和机理分析的正确性。

（4）措施有效是指在定位准确、机理清楚的基础上，制定出有针对性的、具体可行的纠正措施及实施计划，并且措施要经过评审和验证。

（5）举一反三是指把发生的质量问题的信息反馈给本系统，从而防止同类时间的发生。

2. 管理方面

（1）过程清楚，就是查明质量问题发生、发展的全过程，从有关的某一个环节中，分析问题产生的原因，查找管理上的薄弱环节或漏洞。

（2）责任明确，就是在过程清楚的基础上，清楚造成质量问题各个环节和有关人员应承担的责任，并从主观、客观、直观和间接方面区别责任主次和大小。

（3）措施落实，就是要针对出现的管理问题迅速制定并落实相应有效的具体纠正和预防措施，堵塞管理漏洞，举一反三，杜绝类似问题重复发生。

（4）严肃处理，就是首先在思想上、态度上要严肃、认真抓紧对质量问题的处理和改进管理工作，避免走形式、敷衍了事；其次是对由于认为责任问题，重复性故障以及明确因有章不循、违章操作等原因造成质量问题的有关责任人员，按照责任和影响的大小，给予批评、离岗培训、通报直至经济惩罚或行政处分。

（5）完善规章，就是在查找问题、分析原因、落实措施、严肃处理的基础上，针对管理漏洞，修订和健全规章制度，实施执行，落实到有关岗位和管理工作的有关环节上，用明确的规章制度来约束和规范管理行为和施工活动，杜绝质量问题重复发生。

在处理质量问题时，除了按照处理的原则进行外，还需要根据不同的单位采取不同的措施和方法。这就需要一定的经验积累，也需要质量形成各方面人员的理解和落实，这样监督才能起到应有的作用。在质量监督检验中，增加抽查的频次和数量等方法进行措施的验证，等等。

四、坚持质量问题处理的目的和意义

坚持质量问题的处理具有以下目的和意义。

1. 从根本上消除质量问题

坚持质量问题的处理原则处理质量问题,是从技术和管理两个层面上,找出问题产生的原因,所采取的纠正措施具有针对性。同时,又从质量问题发生的直接主体责任方面进行纠正和预防。这就从根本上消除了质量问题地发生。

2. 防止类似问题的重复发生,降低设备全寿命周期成本

在进行质量问题的处理时,要做到"举一反三",其目的就是防止类似问题的再次发生。产品的质量问题发生的少了,成品率提高了,生产企业的生产成本就可以下降,其售后服务成本也会明显的下降,就可产生明显的经济效益。

3. 有利于产品质量的稳步提升和在用设备质量的保持

产品质量的提升建立在不断解决质量问题的基础之上。若真正地找出了出现质量问题的根源,就可以采取相应的措施,落实相应的责任,产品的质量就可得到稳步的提高。只有从设计、生产、维护保养等环节上解决出现的质量问题,就可有效保证产品质量的提升和在用设备质量的保持。从设计上解决产品固有的质量问题所获取的利益是最大的,其次是在生产过程中解决产品存在的固有问题。

4. 能有效保证特种设备的安全运行,降低事故概率

质量决定安全。产品的质量就包括了其安全性,因此,质量稳定并能得到有效保持的产品,在使用过程中就会具有很好的安全性,产品使用过程中的事故概率就会大大降低。

第二节　产品质量问题的信息传递

特种设备在生产制造、安装和使用过程中出现产品质量问题是必然的,尽最大可能发现特种设备的质量隐患,保证特种设备运行的安全性是监督检验工作者的职责所在。

本节就针对发现产品质量问题后的信息传递做一介绍。

一、产品质量问题信息的载体

产品质量问题信息的载体是质量问题记载和发出的依据。根据现行特种

设备有关的规定,特种设备存在质量问题时其信息的发出有《特种设备监督检验工作联络单》、(以下简称《联络单》)、《特种设备监督检验工作意见通知书》、《特种设备检验工作意见通知书》、(以下简称《通知书》)、《检验工作案例》、《检验报告》等形式。

《联络单》适用于制造过程中监督检验发现的产品质量问题。《通知书》适用于定期检验过程中发现的产品质量问题或直接可以判定为不合格设备的监督检验。

对产品或设备质量问题的处理结果一般填写在《联络单》或《通知书》上。其处理过程产品制造单位或使用、维护保养单位根据自己的规定进行。

二、产品质量问题的传递

在检验过程中发现产品或设备的质量问题后,检验人员必须按照规定填写质量问题的各种记录,并以书面形式告知特种设备的质量主体单位(包含制造、使用、维护保养单位),必要时还必须告知当地的特种设备安全监察机构。特种设备的主体责任单位在接到质量问题的信息后应立即进行整改,在确认达到要求后,向特种设备检验机构提出复检,必要时还应将整改情况报当地的特种设备监察机构。其流程图如图12-2所示。

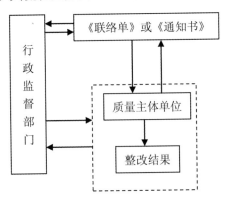

图 12 - 2　质量问题信息传递图

三、对产品质量问题整改的监督

对质量问题的落实情况进行检查验证的目的就是杜绝同类或类似问题的重复发生,保证产品或设备的质量一致性。在对质量问题检查验证时,着重要从以下几方面进行。

（1）查验质量问题处理过程记录。

（2）查验整改措施是否落实到产品或设备中。

（3）查验是否在同类产品或设备或同一个人操作的产品上得到落实。

（4）查验管理的规章是否修改和完善等。

经过查验，符合要求后，可以认为特种设备的质量问题处理过程和质量符合要求，质量问题处理过程符合要求说明其质量体系运行正常。

第十三章

质量监督信息

质量监督者进行有计划的活动,都是以掌握的信息为基础,并通过信息的输入、传递、输出来体现的。质量监督信息工作是研究、做好质量监督工作必不可少的一个环节。

第一节 质量监督信息的概念

一、信息

信息的本质是记录,即信息通过记录这个载体进行传播、交流和控制。信息是经过加工后的数据,它对接收者有用,对决策或行为有现实或潜在的价值。

二、信息的构成和特征

1. 信息构成

信息构成有以下五部分。①信息源;②内容;③载体;④传输;⑤接受者。

2. 信息的特征

作为信息一般具有以下特征。

(1)真伪性:信息有真伪之分,客观反映现实世界事物的程度是信息的准确性。

(2)层次性:信息是分等级的。

(3)可传输性:信息可以依附于某种载体进行传输。

(4)可变换性:信息可以转换成不同的形态,也可以由不同的载体来存储。

(5)可识别性:信息能够以一定的方式予以识别。

(6)可处理性:信息可以通过一定的手段进行处理。

(7)可还原再现性:信息能够以不同的形式进行传递、还原再现。

(8)扩散性和可共享性:同一信源可以供给多个信宿,因此信息是可以共享的。

(9)时效性和时滞性:信息在一定的时间内是有效的信息,在此时间之外就是无效信息。而任何信息从信源传播到信宿都需要经过一定的时间,都有其时滞性。

(10)可重复利用性:信源发送的信息不论传送给多少个信宿,都不会因信宿的多少而减少,一种信息是可以被反复利用的。

(11)存储性:信息可以用不同的方式存储在不同的介质上。

（12）信息是可以转换的：信息可以从一种形态转换为另一种形态。

（13）信息是有价值的：信息是一种资源，因而是有价值的。

3. 信息的形态及传播形式

信息一般有四种形态，即数据、文本、声音、图像。其形态可以相互转化。信息的传播有三种形式，即声音、符号和图像。

三、质量监督信息

质量监督信息是对于从事特种设备产品研制、生产、服务者而言的，质量信息是信息流中一个重要的组成部分。质量信息一般分为质量管理信息和产品质量信息。

对于从事特种设备产品质量监督活动的主体来说，其信息的总和可以统称为质量监督信息。它是反映质量监督主体工作开展状态的信息以及质量监督对象与质量监督相关的质量信息。它包含了两大部分：一是监督主体信息，二是监督客体信息。即从事产品研制、生产、服务活动的单位的质量信息以及产品对用户和社会所造成的影响情况的信息。

质量监督信息与质量信息是密切相关的，但又有区别。

质量监督信息离不开产品的质量信息又服务于产品的质量。质量监督信息的采集、传递、处理在于通过提高质量监督的效能。产品的质量是质量监督信息、质量信息的利用和效能作用的最终体现。

（1）质量监督信息采集的侧重点。质量监督信息采集和使用者主要是质量监督主体（包括政府监督部门），而质量信息的采集和使用者是政府、施工单位和使用单位。

（2）质量监督信息的内涵大于质量信息。质量监督信息包含质量信息和质量管理信息，但这些质量信息必须是质量监督者认为对其从事质量监督活动有关或有用的信息；同时质量信息中也有质量监督信息的成分，这些质量监督信息，由质量监督者传递并反馈到政府、施工单位和使用单位。

开展质量监督信息管理工作，对于质量监督者做好全面的质量监督工作具有下述重要的意义。

（1）进行质量监督信息管理，是开展质量监督工作的基础。

（2）对质量监督信息进行加工利用，可以帮助质量监督者作出正确的决策。在实际工作中，客观情况千变万化，只有建立相应的管理信息系统，进行系统管理，各级管理人员才能利用不断出现的最新信息做出决策，制订出相应的目标、工作方法和措施,从而保证决策的及时性和正确性。

（3）对质量监督主体的监督活动进行调节。质量监督机构在质量监督工作中,由于内外干扰因素的影响,只有不断搜集新的、未掌握的质量监督信息,对其进行加工处理,并不断地进行反馈调节,才能及时修正决策和决策执行过程中出现的偏差,保证质量监督工作沿正确的轨道进行。

从以上可以看出,质量监督信息决定着质量监督工作的各个方面。

第二节　质量监督信息的内容与分类

从事质量监督工作,要有秩序,高成效地开展质量监督信息的采集、处理、传递和管理工作,必须对质量监督信息的内容做出准确的界定,并对信息内容进行合理分类。

一、质量监督信息的内容

质量监督信息就其来源来说,可以分为产生于质量监督主体和产生于质量监督客体的质量监督信息两大部分。

监督主体采集的信息主要包括以下几方面的内容。

（1）质量监督工作的方针、目标、原则。对于监督机构来讲,有国家相应的法规、标准等。例如,安全技术规范。另外,对于某个质量监督机构内具体的质量监督部门或单位,上级下达的各种计划、任务以及有关质量监督工作的各种指令和文件等都属于此方面的信息。

（2）保证质量监督单位正常开展工作的信息。如各级单位的组织情况,人员配备,协调关系等,本级单位的各项规章制度、工作标准、总结、质量工作报告等。

（3）质量监督机构对采集的信息进行加工处理,形成新的内容,并向本级的上、下级或监督客体传递的信息。例如,对从监督客体采集到的信息进行分析、加工处理,并把结果向上级传递或向监督客体反馈的信息等。

来自于监督客体的质量监督信息,主要是指客体的质量管理工作信息和产品质量信息。质量监督客体及产品有关的协作单位和用户提供的信息等都归此类信息。

具体来讲,来自于监督客体的信息主要包括以下两方面的内容。

1. 客体的管理工作质量信息

它具体包括以下内容。

（1）质量监督客体的要遵守政府的质量目标、工作文件、标准等。

（2）质量监督客体自身制订的各种管理制度,特别是有关质量工作的管理制度。如质量手册等。

（3）记录、反映各项管理制度执行情况。例如,生产计划,质量分析总结报告,制度执行情况记录,管理工作质量问题信息单等。

2. 来自于客体的产品质量信息

它具体包括以下内容。

（1）产品的标准类文件。例如,国家标准、部颁标准、企业标准以及与标准有关的数据和信息等。

（2）具体产品的技术质量类文件。例如,产品图样和技术规范,工艺文件,等等。

（3）产品形成过程反映质量指标及质量问题信息。例如,产品的成品率、废品率、返修率,一次检验合格率,产品的技术及质量水平,外购器材、零部件、产品装配质量状态以及在产品生产过程中发生的产品质量问题信息等。

（4）客体的协作单位、用户传递或反馈的有关产品质量信息。

二、质量监督信息的分类

质量监督活动是一项系统工程、质量监督信息也具有系统信息的复杂性。为了便于信息管理工作的开展,需要对质量监督信息进行分类。

对质量监督信息进行合理分类,必须考虑下述几方面因素。

1. 信息的来源

按质量监督信息的来源可将信息分为主体和客体信息。质量监督活动不同于一般经济活动,质量监督活动的主体与客体分属不同的管理系统,其组织机构、职责和工作内容侧重点不同。因此,把质量监督信息分为产生于主体和产生于客体的质量信息这两大部分。

2. 信息的功能

按信息功能可将信息划分为指令性和非指令性信息。不同的信息,具有不同的功能。有些信息内容是必须得到执行的,而有的信息只是帮助监督者了解情况,做辅助决策。

3. 信息的时效性

按信息的时效性质量信息划分为静态信息和动态信息。信息内容起作用的时间有长有短,也就是信息的时效是不同的,有些信息,其内容不因时间的变化而变化,而有些信息只是说明某时某刻或某一阶段时间内的情况,随着时间的推移及质量监督活动的进展,其内容会全部或部分失去作用。

4.信息的时序性

按信息的时序性,可将质量监督信息划分为确定性信息和随机性信息。信息产生的时机是不同的。有些信息的产生具有时间周期的固定性,而有些信息的产生则不具有时间上的准确性。

5.信息的可以加工性

按信息是否通过质量监督者的加工处理,可将质量监督信息划分为直接信息和间接信息。一般来讲,信息都可以进行加工。经过有针对性的、科学的加工,可以增强信息的使用性,提高信息的价值。质量监督信息是质量监督者所采集和使用的信息。

根据上述因素的分析,可以把质量的信息做下述划分和定义。

1.静态信息和动态信息

静态信息和动态信息是根据信息的时效性划分的。

静态信息是指长期或相当长一段时间相对不变化的信息,其信息的内容不可随意更改,此类信息一般具有长期的使用或参考功能。例如,质量法规、标准、产品图,企业的质量手册、检验细则等。

动态信息是指随时间、场合、对象的不同,其内容会随时间发生变化的信息,此类信息的内容具有具体的适用时刻或阶段,且一般只适用于比较单一的场合和对象。例如,监督主体的各种计划,检查总结,针对具体质量问题的决策等信息,监督客体在不同场合、不同阶段的质量记录,分析报告以及质量问题信息单,等等。

2.指令性信息和非指令性信息

指令性信息又分为静态指令性信息和动态指令性信息。

静态指令性信息是指国家和上级机关正式颁发的具有法力效应的政策、标准、文件、规范、方案以及确认的产品图和技术文件等信息。动态指令性信息是指监督主体的上级针对不同的质量监督工作主体的各种指令性文件以及经上级确认,需要监督客体在某一阶段执行的各类文件。例如,合同信息。

非指令性信息也分为静态非指令性信息和动态非指令性信息两类。静态非指令性信息是指对静态指令性信息进行补充、解释、说明的文件类信息。动态非指令性信息是指对动态指令性信息进行补充、解释、说明的文件类信息。

指令性信息和非指令性信息的区别在于前者的信息内容具有执行的强制

性,而后者的信息内容只起一定的参考作用,不一定强制执行。这两类信息是指导开展质量监督工作的根本性信息,从信息的层次来讲,它们是最高级别的信息。

3. 确定性信息和随机性信息

动态信息,根据其时序性的不同,可将信息划分为确定性信息和随机性信息。

确定性信息是指信息采集的时机、渠道、项目、内容有固定要求的动态信息。例如,产生于监督主体的年、月计划和总结,来自于监督客体的产品质量记录、报表等信息。

随机性信息是指信息采集是时机、渠道、项目、内容有一方面或几方面都不确定的动态信息。例如,检验案例,工作联络单等。

把动态信息作以划分,其主要作用是便于信息的处理、存贮和利用。

4. 直接信息和间接信息

根据信息的可加工性,质量信息分为直接信息和间接信息。

直接信息是指从各种渠道采集的,未经加工处理的质量监督信息。

间接信息是指直接信息经过信息管理者加工处理后,得到的深层次的、更具有实用性的质量监督信息。

直接信息是质量监督信息管理工作的基础,而间接信息是指导各项质量监督活动开展的重要决策依据。

以上各类信息逻辑关系如图 13 - 1 所示。

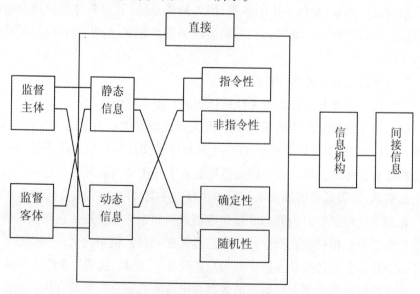

图 13 - 1 质量信息逻辑关系图

第三节　质量监督信息的采集与处理

质量监督信息的采集与处理是质量监督信息发挥有效作用的关键环节。

一、质量监督信息的采集

采集质量监督信息是信息管理的一项基础工作。只有及时地收集到足够、准确的信息,才能保证信息处理、管理工作的有效开展。

采集质量监督信息时,应注意以下几方面。

1. 采集的内容

要采集信息,首先应该明确质量监督活动需要哪些信息。对于开展质量监督活动的监督机构来讲,重点应采集以下三方面的信息。

(1)上级有关质量工作的指令性信息和非指令性信息。如,法规性文件、标准、通报等。这是指导正确开展质量监督工作的信息。

(2)监督客体全过程质量管理的静态和动态信息。如,质量管理文件,技术文件,工序控制状态和产品质量数据等。这是直接反映施工单位保证质量能力和产品质量状态的信息。

(3)用户反映的信息。如用户意见等。这是验证施工单位质量管理成效的信息,同时也是验证质量监督者开展质量监督工作成效的信息。

2. 采集的方法

对于指令性信息,主要靠上级下发,但有关质量管理标准和非指令性信息,则要靠质量监督者主动采集。对于用户信息,除了靠用户直接反映外,还应主动走访用户,征求意见。对于施工单位全过程质量管理信息,主要靠两种方法采集。一是施工单位的传递或反馈;二是监督者到现场去采集。

3. 采集的渠道

质量监督信息采集的渠道主要有两条。一是监督主体系统内部的信息渠道,二是监督主体与监督客体的信息渠道。

保证主体内部信息的畅通,相对比较简单,只要制订相应的信息管理制度,并使制度得到充分落实就可以了。而保证主体和客体之间信息渠道的畅通,则需要做好以下几方面的工作。

(1)要使主体和客体双方都要明确相互信息交流的意义、作用、程序、方法和有关要求。

（2）主、客体双方应建立相互适应，相互协调的质量管理信息系统。如，成立机构、组成网络，明确管理的内容、程序、方法、制订出制度等。

（3）通过协商，明确主、客体双方相互传递或反馈的信息种类、内容、时机、责任单位等。

（4）规定质量监督者到客体施工管理现场采集的种类、内容、时机和方法。

4. 采集时机

不同的信息产生的时机也不一样，只有把握信息收集的时机，才能保证所采集的信息的有效性，进而及时地开展相应的质量监督工作，解决出现的质量问题。

二、质量监督信息的处理

信息处理，是指对已采集到的质量监督信息进行分析、加工。只有经过分析和合理加工，信息才能充分发挥应有的作用。

1. 处理的时机

对于静态质量监督信息处理的时机，应是随时的。即在信息采集后，应在一定的时间内进行处理。

对于动态质量监督信息的处理时机，应是及时的。即在信息采集后，应立即进行有关处理。此类信息的处理时间一般比静态信息的处理时间短得多。

另外，对于具有相同特性或相同内容的信息、项目，还应在某一阶段或周期内定时处理。即对具有相同特性或相同内容的信息和项目进行定期、定项目、定方法的处理。

2. 处理的内容及目的

（1）处理采集到的静态信息。一般只需分类、整理即可，以利于以后的存贮、查询、利用。

（2）处理采集到的动态信息。一般包括检查信息的内容、来源、时机，分析其合理性、正确性。如果存在偏差，则应进一步分析其产生的原因、时间、地点、责任人。以及可能造成的影响等，以利于掌握各方面质量监督工作的状态，及时纠正出现的偏差。

对确定性动态信息的及时处理，侧重于一般检查；而对随机性动态信息的处理，则要侧重于对偏差的分析。

（3）对采集到的动态信息的定时处理，一般包括如下内容。首先，对定时处理的信息进行分类,确定分析的项目;其次,确定分析的周期、方法;然后,在周期结束时对周期内具有同类特性的信息进行分析,以找出规律性的东西,证明各项相关的质量工作是否处于正常状态,是否存在偏差。如果发现偏差,则应对偏差作进一步的分析,以利于偏差的纠正。

不同的质量监督主体和客体,有不同的信息处理内容,具体应进行哪些信息处理,应由质量监督主体自身及客体的情况而定。具有共性的质量监督处理内容,有以下几类。

(1)动态信息的随机处理。

(2)主体质量监督工作计划完成情况的分析处理。

(3)客体各种生产、质量计划完成情况的分析。

(4)产品实物质量水平分析。

(5)客体各方面质量管理工作的状态分析。

(6)信息管理状态分析。

(7)各类质量偏差的及时和定时分析。

3.处理的方法

对质量监督信息的处理,其方法一般有三种。一是定性分析,二是定量分析,三是定性和定量分析相结合。

定性分析主要用于静态信息的随机分析和动态信息的及时分析的一般检查方面。

定量分析主要用于动态信息的定时分析和及时分析中的偏差分析方面。

定性和定量相结合的分析方法,主要用于比较复杂的各类信息的处理,特别是复杂的偏差分析。

不论是定性还是定量分析,都应同科学的知识、手段结合。例如,数理统计知识,运筹学知识,预测和决策知识,现代的各种管理、分析技术和手段,等等。

第四节　质量监督信息的利用

上述介绍了质量监督信息的概念、内容、分类、采集和处理,做这些工作的目的,就是为了最终充分利用这些信息资源,利用信息调节质量监督者的工作,帮助质量监督者做出及时正确的决策。

质量监督信息利用的形式有三种。一是质量监督机构自身利用这些信息

并存贮;二是向上级机关、协作单位、监督客体传递有关信息;三是向上级机
关、协作单位、监督客体反馈相关信息。

一、信息的自身利用与存贮

信息的自身利用就是指质量监督主体通过掌握的质量监督信息进行综合
分析判断,进而作出决策。

通过对有关产品质量状态信息的分析、判断,确定产品质量水平的优劣,
找出设计、制造、服务全过程中产品质量存在的偏差并及时采取监督措施,保
证产品随时符合质量要求。

信息的存贮,就是把采集到的直接信息和经过处理得到的间接信息,进行
分门别类的整理、编码、归档,以便于以后的信息再利用。

二、信息的传递

质量监督信息的传递一般通过两个渠道,即监督主体内部的信息渠道,简
称内部渠道;监督主体与客体之间的信息渠道,简称外部渠道。信息的传递主
要有四种形式,即监督主体内部上级向下级的信息传递;下级向上级的信息传
递;监督主体和监督客体之间的主体向客体的信息传递;客体向主体的信息传
递,如图 13 - 2 所示。

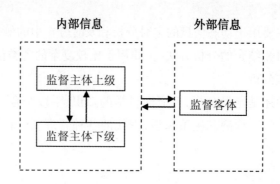

图 13 - 2　质量监督信息传递形式示意图

要使信息能够有效、快捷地传递,必须保证信息渠道的畅通。要保证内部渠
道的畅通,必须建立一个统一、规范的质量监督信息系统,要保证外部渠道的畅
通,必须使主体的质量监督信息系统同客体的质量信息系统相互适应、协调。

信息传递的四种主要形式,其传递信息的内容,时机和目的是不尽相同

的,现在分别予以说明。

1.经内部渠道,上级向下级传递的信息

此类信息一般都是指令性信息,信息的内容要求下级不折不扣地完成。其传递的时机,有些是周期性的,如年度工作计划等;有些是随机性的,如某项具体工作开展的计划、要求等。

上级向下级传递信息的目的是指导下级部门质量监督工作的开展。

2.经内部渠道,下级向上级传递的信息

此类信息主要是说明各种情况的动态信息。信息传递的时机,有些是周期性的,如阶段性质量监督工作计划、总结报告,客体的质量管理状态分析,产品的数质量报告,等等;有些是随机性的,如重大质量问题报告,等等。

下级向上级传递信息的目的是使上级了解、掌握下级部门的质量监督工作状态,了解、掌握客体质量工作状态,了解、掌握产品的质量状态。

3.经外部渠道,主体向客体传递的信息

此类信息主要是监督主体根据上级指示对监督客体的要求,以及向客体通报主体正在开展或将要开展的质量监督工作情况,或要求客体予以协助等内容的信息,此类信息大多数是随机的。

主体向客体传递信息的目的,一是传达上级的指令性信息,要求客体做好某方面的工作;二是要求客体对主体的某项质量监督工作给予协助和支持。

4.经外部渠道,客体向主体传递的信息

此类信息是质量监督信息的一个组成部分,它主要是反映监督客体质量管理工作状态,产品质量状态的信息。此类信息的组成比较全面,静态、动态,确定性、随机性各种信息都有,因此,其传递的时机也是周期性、随机性都有。

此类信息传递的目的,是使监督主体了解和掌握客体的质量管理工作状态,产品质量状态,并根据掌握的客体实际状况和上级的指示以及自身的特点确定监督主体的质量监督工作计划、内容、方法、步骤。

三、信息的反馈

质量监督信息反馈是指监督主体上、下级之间以及同监督客体之间,对传递来的质量监督信息经加工处理后,把处理结果按传递方向输送回去的质量监督信息。

传递的信息一般是说明某种质量状态的信息。而反馈的信息则主要是指此类质量状态中存在的偏差,并调节信息发出部门的质量工作,以便及时消除存在的偏差,或者向信息传递单位说明传递来信息的内容、要求、执行及落实情况。

信息的反馈渠道同信息的传递渠道是相同的,也有两个渠道,即内部渠道和外部渠道。所不同的是传递和反馈信息的流转方向是相反的。

信息的反馈形式同信息的传递形式也是相同的。

信息反馈的时机,一般在传递来的信息内容中或信息管理制度中,做出具体规定。

参 考 文 献

[1] 全国质量管理和质量保证标准化技术委员会,中国合格评定国家认可委员会,中国认证认可协会.2008 版质量管理体系国家标准理解与实施[S].北京:中国标准出版社,2009.

[2] 李玉才.军工产品质量监控原理与实践[M].长沙:湖南科学技术出版社,1996.

[3] 中国人民解放军总后勤部.军工产品质量监控.[M].北京:解放军出版社,1990.

[4] 金振玉.信息论[M].北京:北京理工大学出版社,1991.

[5] 高勇.电梯质量监督及检验技术[M].西安:西北工业大学出版社,2014.

[6] 谢文秀,曾杰.军事代表工作基础[M].北京:国防工业出版社,2014.